HENRI FOURNEL

MARS 1833.

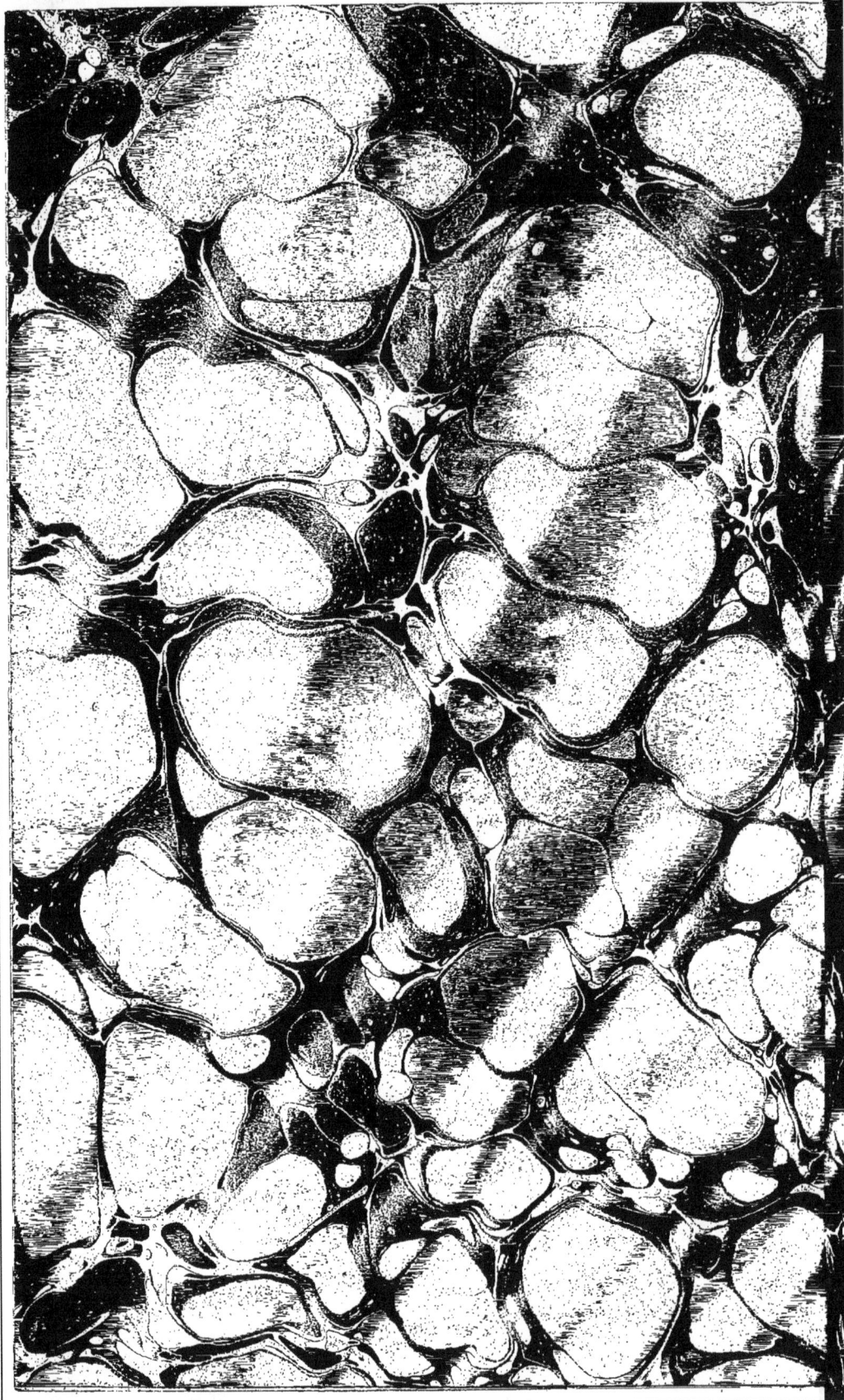

DU SYSTÈME

INDUSTRIEL.

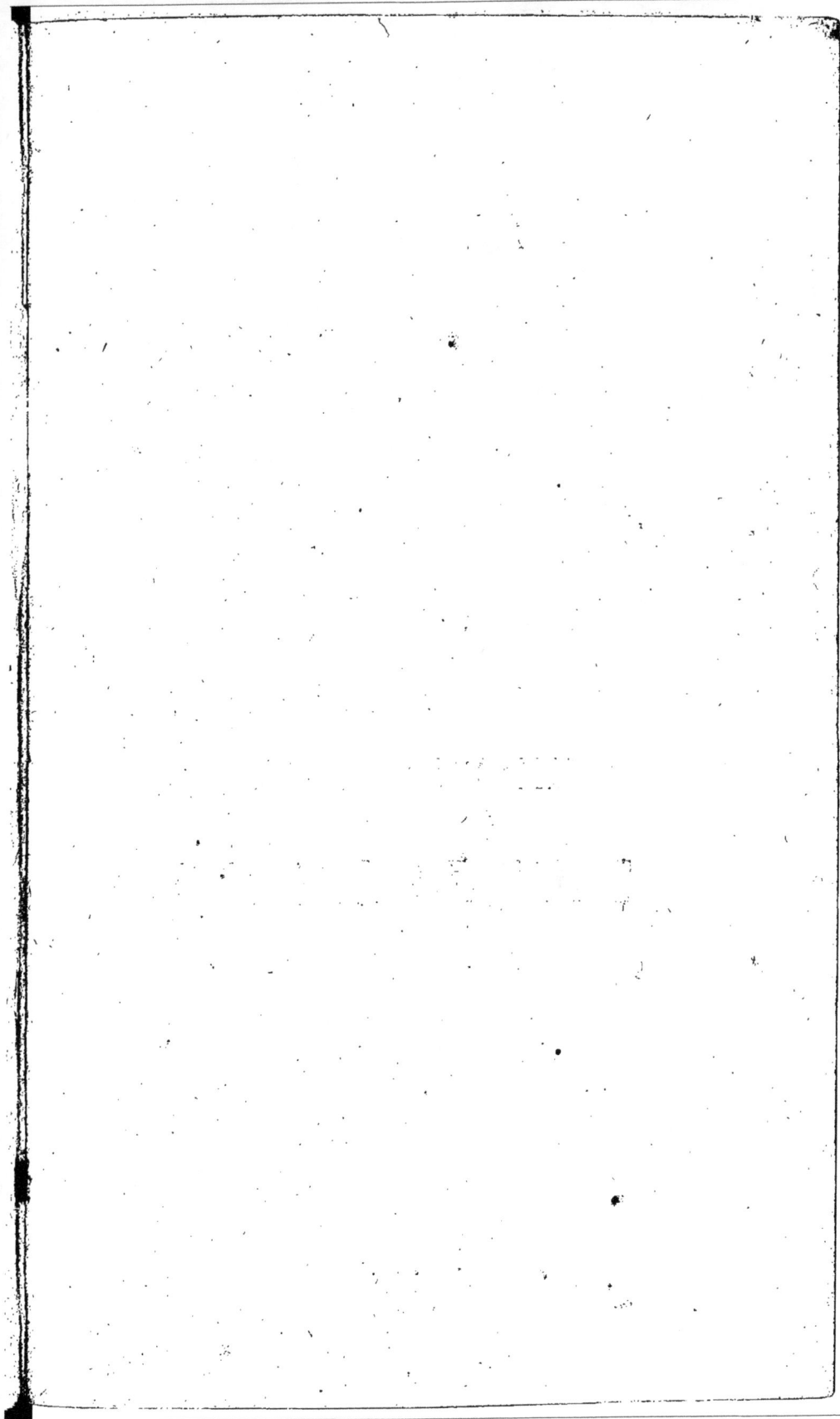

DU SYSTÈME

INDUSTRIEL,

PAR HENRI SAINT-SIMON.

Dieu a dit : Aimez-vous et secourez-
vous les uns les autres.

A PARIS,

CHEZ ANTOINE-AUGUSTIN RENOUARD.

M. DCCC. XXI.

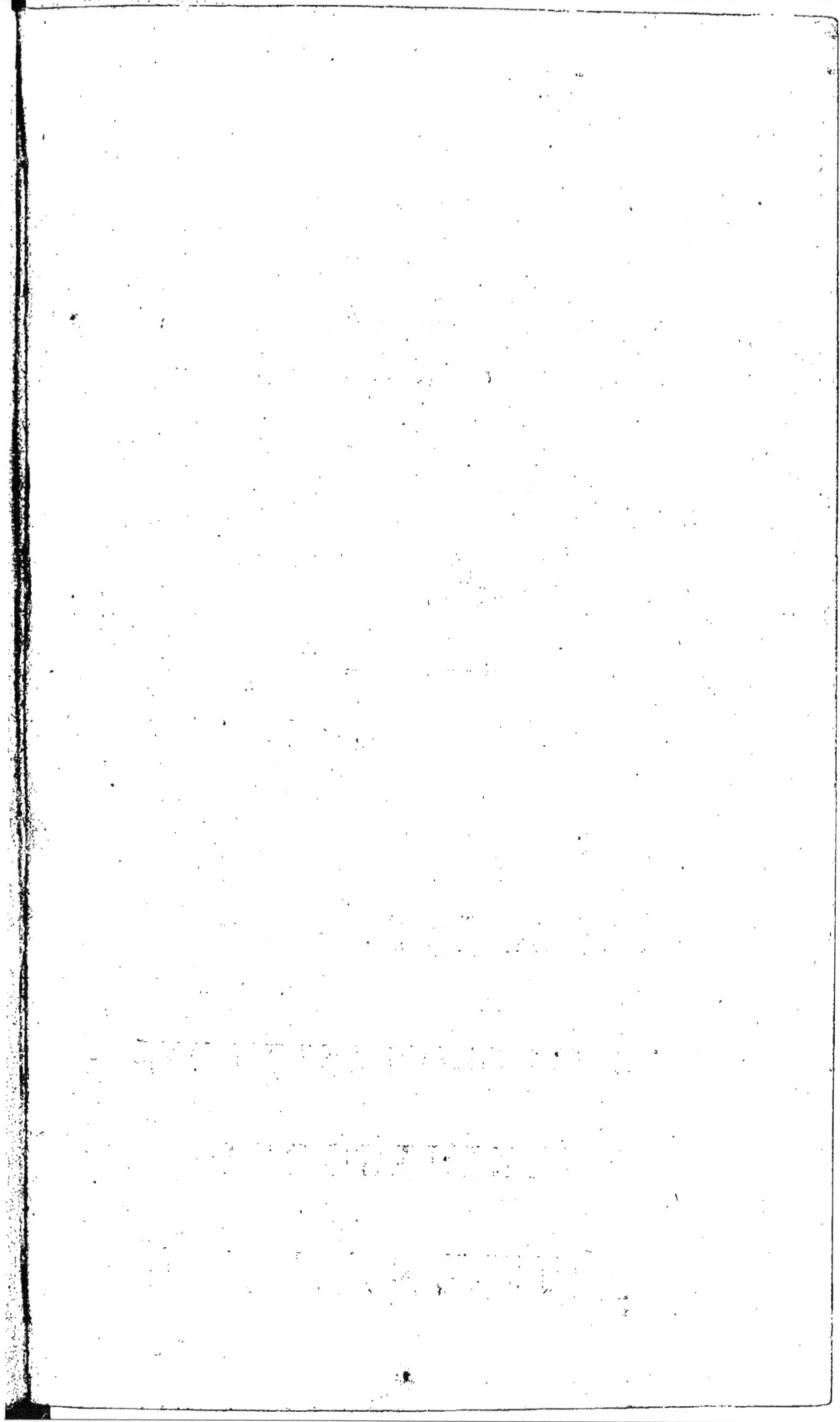

PRÉFACE.

La crise dans laquelle le corps politique se trouve engagé depuis trente ans, a pour cause fondamentale le changement total de système social, qui tend à s'opérer aujourd'hui, chez les nations les plus civilisées, en résultat final de toutes les modifications que l'ancien ordre politique a successivement éprouvées jusqu'à ce jour. En termes plus précis, cette crise consiste essentiellement dans le passage du système féodal et théologique au système industriel et scientifique. Elle durera, inévitablement, jusqu'à ce que la formation du nouveau système soit en pleine activité. Ces vérités fondamentales ont été jusqu'à présent, et sont encore également ignorées des gouvernés et des gouvernans; ou plutôt elles n'ont été et ne sont senties, par les uns et par les autres, que d'une manière vague et incomplète, absolument insuffisante. Le dix-neuvième siècle est encore dominé par le caractère critique du dix-huitième; il ne s'est point encore investi du caractère organisateur qui doit lui être propre. Telle est la véritable cause première de l'effrayante prolongation de la crise, et des orages terribles dont elle a été accompagnée jus-

a

qu'ici. Mais cette crise cessera de toute nécessité, ou du moins elle se changera en un simple mouvement moral, aussitôt que nous serons élevés au rôle éminent que la marche de la civilisation nous assigne, aussitôt que les forces temporelles et spirituelles qui doivent entrer en activité seront sorties de leur inertie.

Le travail philosophique, dont je présente aujourd'hui au public un premier fragment, aura pour but général de développer et de prouver les importantes propositions qui viennent d'être sommairement énoncées; de fixer le plus possible l'attention générale sur le véritable caractère de la grande réorganisation sociale réservée au dix-neuvième siècle; de démontrer que cette réorganisation, graduellement préparée par tous les progrès que la civilisation a faits jusqu'à présent, est aujourd'hui parvenue à sa pleine maturité, et qu'elle ne peut être ajournée sans les plus graves inconvéniens; d'indiquer, d'une manière nette et précise, la marche à suivre pour l'opérer avec calme, avec sûreté, et avec promptitude, malgré les obstacles réels; en un mot, de concourir, autant qu'il est au pouvoir de la philosophie, à déterminer la formation du système industriel et scientifique, dont l'établissement peut seul mettre un terme à la tourmente sociale actuelle.

(iij)

La doctrine industrielle, j'ose l'avancer hardiment, serait entendue avec facilité, et admise
sans beaucoup d'efforts, si la plupart des esprits
étaient placés au point de vue convenable pour
la saisir et pour la juger. Malheureusement il
n'en est point ainsi. Des habitudes d'esprit vicieuses et profondément enracinées, s'opposent
à l'intelligence de cette doctrine dans presque
toutes les têtes (1). La *table rase* de Bacon serait infiniment plus nécessaire pour les idées politiques que pour toutes les autres; et, par cela
même, elle doit éprouver, relativement à cette
classe d'idées, beaucoup plus de difficultés.

L'embarras que les savans ont éprouvé pour
façonner au véritable esprit de l'astronomie et
de la chimie, des têtes jusqu'alors habituées à
considérer ces sciences à la manière des astrologues et des alchimistes, se manifeste aujourd'hui
par rapport à la politique, à laquelle il s'agit de
faire subir un changement analogue, le passage
du conjectural au positif, du métaphysique au
physique.

---

(1) C'est pour cette raison que je regarde les personnes
qui ne s'occupent pas habituellement de politique,
comme étant, toutes choses égales d'ailleurs, beaucoup
plus propres que d'autres à entendre et à juger mon travail, et généralement toute idée positive en politique.

Obligé de lutter contre des habitudes opiniâ-
très et universellement répandues, je crois qu'il
est utile d'aller au-devant d'elles, et d'anticiper
un peu sur une partie de mon travail, en expli-
quant ici, d'une manière générale et sommaire,
l'influence qu'ont obtenue et que conservent en
politique les doctrines vagues et métaphysiques,
l'erreur qui les fait prendre pour la politique
véritable, et enfin la nécessité de les abandonner
aujourd'hui.

Le système industriel et scientifique a pris
naissance, et s'est développé sous la domination
du système féodal et théologique. Or, ce simple
rapprochement suffit pour faire sentir qu'entre
deux systèmes aussi absolument antipathiques,
il a dû exister une sorte de système intermédiaire et vague, uniquement destiné à modifier
l'ancien système de manière à permettre le développement du système nouveau, et, plus tard,
à opérer la transition. C'est le fait historique général le plus facile à deviner d'après les données
que j'ai mises en regard. Aucun changement ne
peut s'effectuer que par degrés au temporel
comme au spirituel. Ici, le changement était
tellement grand, et, d'un autre côté, le système
féodal et théologique répugnait tellement par sa
nature à toutes les modifications, qu'il a fallu,
pour qu'elles pussent avoir lieu, l'action spéciale

continuée pendant plusieurs siècles, de classes particulières dérivées de l'ancien système, mais distinctes, et jusqu'à un certain point, indépen-dantes de lui, et qui ont dû conséquemment, par le seul fait de leur existence politique, con-stituer au sein de la société ce que j'appelle par abstraction un système intermédiaire et tran-sitif. Ces classes ont été au temporel celle des légistes, et au spirituel, celle des métaphysiciens qui se sont étroitement combinées dans leur ac-tion politique, comme la féodalité et la théolo-gie, comme l'industrie et les sciences d'obser-vation.

Le fait général que je viens d'indiquer est de la plus haute importance. Il est une des données fondamentales qui doivent servir de base à la théorie positive de la politique. C'est celle qu'il importe le plus aujourd'hui de bien éclaircir, parce que le vague et l'obscurité dont elle a été enveloppée jusqu'à ce jour, sont ce qui com-plique le plus aujourd'hui les idées politiques, ce qui cause presque toutes les divagations.

Il serait absolument inphilosophique de ne pas reconnaître l'utile et remarquable influence exercée par les légistes et les métaphysiciens, pour modifier le système féodal et théologique, et pour empêcher qu'il n'étouffât le système in-dustriel et scientifique, dès ses premiers développemens. L'abolition des justices féodales, l'établissement d'une jurisprudence moins op-pressive et plus régulière, sont dus aux légistes. Que de fois, en France, l'action des parlemens n'a-t-elle pas servi à garantir l'industrie contre la féodalité! Reprocher à ces corps leur ambition, c'est blâmer des effets inévitables d'une cause utile, raisonnable et nécessaire; c'est se tenir à côté de la question. Quant aux métaphysiciens, c'est à eux qu'on doit la réforme du seizième siè-cle, et l'établissement du principe de la liberté de conscience qui a sapé dans sa base le pouvoir théologique.

Je sortirais des bornes d'une préface en insi-stant davantage sur des observations que tout esprit juste développera aisément, d'après les indications précédentes. Pour moi, je déclare que je ne conçois point du tout comment l'ancien système aurait pu se modifier, et le nouveau se développer sans l'intervention des légistes et des métaphysiciens. (1)

D'un autre côté, s'il est absurde de nier la

---

(1) Cet intermédiaire était tellement commandé par la nature même des choses, qu'on le retrouve jusque dans la manière de traiter les questions purement scien-tifiques. Quel est l'astronome, le physicien, le chimiste et le physiologiste qui ne sait qu'avant de passer, dans

part spéciale d'utilité des légistes et des métaphysiciens pour l'avancement de la civilisation,
il est très dangereux de s'exagérer cette utilité,
ou, pour mieux dire, d'en méconnaître la véritable nature. Par le fait même de sa destination,
l'influence politique des légistes et des métaphysiciens était bornée à une existence passagère,
puisqu'elle n'était que modificatrice et transi-
tive, et nullement organisatrice. Elle a eu rempli toute sa fonction naturelle, du moment que
l'ancien système a perdu la majeure partie de sa
puissance, et que les forces du nouveau sont
devenues réellement prépondérantes dans la société, au temporel et au spirituel. Close à ce
point qui est complétement atteint depuis le mi-
lieu du siècle dernier, la carrière politique des
légistes et des métaphysiciens n'eût pas cessé
d'être utile et honorable, tandis qu'elle est effectivement devenue tout-à-fait nuisible, pour
avoir dépassé sa limite naturelle.

Quand la révolution française s'est déclarée,
il ne s'agissait plus de modifier le système féodal

chaque branche, des idées purement théologiques aux
idées positives, l'esprit humain s'est servi pendant long-
temps de la métaphysique? Chacun de ceux qui ont réfléchi sur la marche des sciences, n'est-il pas convaincu
que cet état intermédiaire a été utile, et même absolument indispensable pour opérer la transition?

et théologique, qui avait déjà perdu presque toutes ses forces réelles. Il était question d'organiser le système industriel et scientifique, appelé par l'état de la civilisation à le remplacer. C'étaient, par conséquent, les industriels et les savans, qui devaient occuper la scène politique, chacun dans leurs rôles naturels. Au lieu de cela, les légistes se sont mis à la tête de la révolution, ils l'ont dirigée avec les doctrines des métaphysiciens. Il est superflu de rappeler quelles singulières divagations en ont été la suite, et quels malheurs sont résultés de ces divagations. Mais il faut remarquer avec soin que, malgré cette immense expérience, les légistes et les métaphysiciens sont encore restés sans interruption à la tête des affaires, et qu'eux seuls aujourd'hui dirigent toutes les discussions politiques.

Cette expérience, quelque coûteuse qu'elle ait été, et quelque décisive qu'elle soit réellement, continuerait à demeurer stérile, à cause de sa complication, si on ne montrait point, par une analyse directe, la nécessité absolue de retirer aux légistes et aux métaphysiciens l'influence politique universelle qu'on leur accorde, et qui ne tient qu'à l'opinion présumée de l'excellence de leurs doctrines. Mais il est très facile de prouver que les doctrines des légistes et des métaphysiciens, sont aujourd'hui, par leur nature, tout-à-fait impropres à diriger convenablement l'action politique, soit des gouvernans, soit des gouvernés. Cet obstacle est tellement grand, qu'il fait disparaître, pour ainsi dire, l'avantage que peuvent présenter les capacités individuelles, quelque brillantes qu'elles soient.

Les esprits un peu éclairés reconnaissent bien aujourd'hui la nécessité d'une refonte générale du système social ; ce besoin est devenu telle-ment imminent qu'il faut bien qu'il soit senti. Mais l'erreur capitale, qui est généralement commise à cet égard, consiste à croire que le nouveau système à édifier doit avoir pour base les doctrines des légistes et des métaphysiciens. Cette erreur ne se maintient que parce qu'on ne remonte point assez haut dans la série des obser-vations politiques, et que les faits généraux ne sont point assez profondément examinés, ou, pour mieux dire, parce qu'on ne fonde point encore sur les faits historiques généraux les rai-sonnemens politiques. Sans cela on ne saurait se tromper au point de prendre une modification du système social, une modification qui a eu tout son effet, et qui ne peut plus jouer aucun rôle, pour un véritable changement de ce sys-tème.

Les légistes et les métaphysiciens sont sujets à prendre la forme pour le fonds, et les mots

pour des choses. De là l'idée généralement admise de la multiplicité presque infinie des systèmes politiques. Mais, dans le fait, il n'y a et
il ne peut y avoir que deux systèmes d'organisation sociale réellement distincts, le système
féodal ou militaire, et le système industriel ; et
au spirituel, un système de croyances et un système de démonstrations positives. Toute la durée possible de l'espèce humaine civilisée est
nécessairement partagée entre ces deux grands
systèmes de société. Il n'y a en effet pour une
nation, comme pour un individu ; que deux
buts d'activité, ou la conquête ou le travail,
auxquels correspondent spirituellement ou les
croyances aveugles, ou les démonstrations scientifiques, c'est-à-dire, fondées sur des observations positives. Or, il faut que le but d'activité
générale soit changé pour que le système social
le soit réellement. Tous les autres perfectionnemens, quelque importans qu'ils puissent être,
ne sont que des modifications, c'est-à-dire, des
changemens de forme et non de système. La
métaphysique peut seule faire envisager les
choses différemment par la malheureuse habileté qu'elle donne à confondre ce qui doit être
distinct, et à distinguer ce qui doit être con-
fondu.

La société a été organisée d'une manière nette

et caractéristique, pendant que le système féodal ou militaire a été en pleine vigueur; parce
qu'elle a eu alors un but d'activité clair et déterminé, celui d'exercer une grande action guerrière, but pour lequel toutes les parties du corps
politique ont été coordonnées. Elle tend aussi à
s'organiser aujourd'hui d'une manière plus parfaite, et non moins nette et caractéristique,
pour le but d'activité industriel, vers lequel également seront dirigées en faisceau toutes les
forces sociales. Mais depuis la décadence du système féodal ou militaire jusqu'à présent, la société n'a point été réellement organisée, parce
que les deux buts ayant été menés de front, l'ordre politique n'a eu qu'un caractère bâtard. Or,
ce qui était utile et nécessaire même, comme
état de choses transitoire et préparatoire, deviendrait évidemment absurde comme système
permanent, aujourd'hui que la transition est vraiment terminée sous les rapports principaux.
C'est là où conduisent néanmoins les doctrines
des légistes et des métaphysiciens.

On ne saurait trop le répéter, il faut un but
d'activité à une société, sans quoi il n'y a point
de système politique (1). Or, légiférer n'est point

---

(1) Bonaparte avait senti cette vérité fondamentale,
quand il entreprit de reconstituer le système féodal et

un but, ce ne peut être qu'un moyen. Ne serait-il
pas étrange qu'en résultat de tous les progrès de
la civilisation, les hommes fussent arrivés aujourd'hui à se réunir en sociétés, dans le but de
se faire des lois les uns aux autres (1)? Ce serait
là, sans doute, le sublime de la mystification.

---

théologique. Seulement il en avait fait une fausse application qui tenait à son incapacité autant et plus qu'à
son ambition, puisque son éducation l'avait mis à portée
de connaître quelle doit être aujourd'hui la direction
d'activité dans le chef d'une nation civilisée. A l'époque
où nous sommes, un ambitieux se fait militaire s'il se
reconnaît incapable, et industriel s'il se sent capable.

(1) On dira, sans doute, que le but du contrat social
serait, dans cette hypothèse, d'assurer le maintien de la
liberté. C'est toujours tourner dans le même cercle
d'idées, et prendre un ordre de choses transitoire pour
le système à constituer.

Le maintien de la liberté a dû être un objet de première sollicitude, tant que le système féodal et théologique a conservé quelque force, parce qu'alors la liberté
était exposée à des attaques graves et continues. Mais
aujourd'hui il ne peut plus exister la même inquiétude
en s'occupant de l'établissement du système industriel et
scientifique, puisque ce système doit entraîner de toute
nécessité, et sans qu'on s'en occupe directement, le plus
haut degré de liberté sociale, au temporel et au spirituel. Dans un tel ordre de choses, un grand appareil de
combinaisons politiques uniquement destiné à préserver
la liberté d'atteintes auxquelles elle ne pourrait plus être

Ne semblerait-il pas voir des hommes qui se réuniraient gravement afin de tracer de nouvelles

---

sérieusement exposée, ressemblerait beaucoup au combat de don Quichotte contre les moulins à vent.

D'ailleurs, en aucun cas, le maintien des libertés individuelles ne peut être le but du contrat social. La liberté, considérée sous son vrai point de vue, est une conséquence de la civilisation, progressive comme elle, mais elle ne saurait en être le but. On ne s'associe point pour être libres. Les sauvages s'associent pour chasser, pour faire la guerre, mais non certes pour se procurer la liberté; car, sous ce rapport, ils feraient mieux de rester isolés. Il faut un but d'activité, je le répète, et la liberté ne saurait en être un, puisqu'elle le suppose. Car la vraie liberté ne consiste point à rester les bras croisés, si l'on veut, dans l'association; un tel penchant doit être réprimé sévèrement partout où il existe; elle consiste au contraire à développer, sans entraves et avec toute l'extension possible, une capacité temporelle ou spirituelle utile à l'association.

Observons en outre qu'à mesure que la civilisation fait des progrès, la division du travail, considérée au spirituel comme au temporel, et sous le point de vue le plus général, augmente dans la même proportion. Il en résulte, de toute nécessité, que les hommes dépendent moins les uns des autres individuellement, mais que chacun d'eux dépend davantage de la masse, exactement selon le même rapport. Or, l'idée vague et métaphysique de liberté, telle qu'elle est en circulation aujour-

conventions pour les échecs, et qui se croiraient
des joueurs ? Une absurdité aussi manifeste est

d'hui, si on continuait à la prendre pour base des doctrines politiques, tendrait éminemment à gêner l'action
de la masse sur les individus. Sous ce point de vue, elle
serait contraire au développement de la civilisation et
à l'organisation d'un système bien ordonné, qui exige
que les parties soient fortement liées à l'ensemble et
dans sa dépendance.

Je ne parle point de la liberté politique, parce qu'il
est trop évident qu'elle peut bien moins encore que la
liberté individuelle, être considérée comme un but d'association. Au reste, je puis faire observer à ce sujet,
comme tendant à caractériser le véritable état de choses,
que le droit de s'occuper des affaires publiques sans condition déterminée de capacité, conféré, en théorie, à
tout citoyen comme un droit *naturel*, et restreint seulement dans l'exercice, mais toujours sans condition de
capacité, est la preuve la plus complète et la plus palpable du vague et de l'incertitude où sont encore plongées les idées politiques. Aurait-on jamais pu songer,
sans cette cause, à déclarer en termes détournés, il est
vrai, mais dont le sens n'est pas douteux, qu'il ne faut
aucune capacité naturelle ou acquise pour raisonner sur
la politique?

Pourquoi ne proclame-t-on pas que les Français qui
payent mille francs de contribution directe sont aptes à
faire des découvertes en chimie, tandis qu'on établit au
fond un principe absolument pareil pour la politique,

néanmoins naturelle, et conséquemment excusable dans les légistes, dont le jugement est ordi-

---

qui est cependant bien autrement difficile et bien autrement importante que la chimie? Pourquoi? parce que les
conditions de capacité nécessaires pour s'occuper de chimie sont claires, et que celles relatives à la politique ne
le sont pas. Et à quoi tient cette différence? à ce que la
chimie est aujourd'hui une science positive, tandis que
la politique n'est encore qu'une doctrine conjecturale,
qui ne mérite pas le nom de science.

C'est le propre de la métaphysique, précisément parce
qu'elle n'enseigne rien de réel, de persuader qu'on est propre à tout sans avoir besoin de rien étudier, d'une manière
spéciale. La circonstance remarquable que je viens d'indiquer n'existe plus aujourd'hui que pour la politique et la
philosophie, sa mère, parce qu'elles seules, parmi toutes
les branches de nos connaissances, sont encore restées métaphysiques. Mais un fait analogue peut s'observer pour les
sciences aujourd'hui les plus positives, à l'époque où elles
étaient encore plongées dans le domaine ténébreux de la
métaphysique. Les conditions de capacité nécessaires
pour avoir le droit de les cultiver, ne sont devenues
claires et précises, et n'ont cessé d'être universellement
sujettes à contestation, que lorsque ces sciences ont pris
le caractère positif ou d'observation. Il en doit être absolument de même de la politique. On peut soutenir
aujourd'hui, sans se couvrir de ridicule, que la science
politique est innée, ou qu'il suffit d'être né Français pour
être en état d'en raisonner : un tel langage est même

(xvj)

nairement vicié par l'habitude de ne considérer
que les formes. Mais de la part des industriels,
habitués, au contraire, à ne considérer en tout
que le fonds, la prolongation d'une telle erreur
serait absolument inexcusable.

Revenons donc à la saine manière d'envisager
les choses. Reconnaissons que l'influence des légistes et des métaphysiciens a été long-temps
utile en modifiant le système féodal et théologique, et en facilitant par là le développement
du système industriel et scientifique. Mais reconnaissons aussi que, par cela même, cette
influence était destinée à s'éteindre après avoir
atteint son but, et qu'elle a par conséquent perdu
aujourd'hui toute son utilité, puisque la modification de l'ancien système est telle, qu'il n'a
plus assez de force pour continuer à servir de
base à la société, et que le système nouveau est
tellement développé, qu'il n'attend plus qu'une
impulsion d'activité pour se constituer à la tête

---

réputé patriotique. Mais lorsque la politique sera montée
au rang des sciences d'observation, ce qui ne saurait
être aujourd'hui très retardé, les conditions de capacité
deviendront nettes et déterminées, et la culture de la
politique sera exclusivement confiée à une classe spéciale
de savans qui imposera silence au partage.

du corps social. Les légistes et les métaphysiciens ont garanti le nouveau système dans son enfance contre l'action de l'ancien système dans la plénitude de l'âge; mais depuis que l'enfant est devenu adulte, et que l'homme mûr est devenu caduc, toute intervention est inutile et nuisible, et le nouvel homme doit traiter directement avec le vieillard.

Aujourd'hui, en effet, l'interposition des légistes et des métaphysiciens entre l'ancien système et le nouveau est la cause principale de l'inextricable confusion des idées politiques; c'est elle qui nous masque l'entrée du régime industriel. Mais que cet intermédiaire soit écarté, que les rapports entre les deux systèmes opposés deviennent directs, et tout ce chaos se débrouillera comme par enchantement. On s'expliquera, on s'entendra; on ne pensera plus qu'une société puisse subsister sans but d'activité; et on reconnaîtra que, puisque l'ancien but militaire ne peut plus exister aujourd'hui, il faut s'occuper sans délai de s'organiser pour le but industriel. Les classes féodale et théologique sentiront qu'elles n'ont aucun moyen de lutter contre les industriels et les savans pour empêcher la constitution définitive du nouveau système. Les industriels et les savans sentiront à leur tour qu'ils doivent dédommager les classes anciennes de la clôture de leur carrière politique en leur facilitant l'entrée de la carrière nouvelle.

J'ai peut-être trop insisté pour ce moment sur le fait fondamental que je viens d'examiner. Mais il est d'une telle importance pour l'éclaircissement des idées politiques, que je ne saurais regretter cette extension. J'espère qu'elle facilitera l'intelligence de mon ouvrage en indiquant au lecteur le point exact d'opposition avec les idées généralement admises; car cet exposé a pour objet essentiel de préciser plus nettement que je n'aurais pu le faire de toute autre manière, le véritable caractère du système industriel, en faisant sentir la différence absolue qui le distingue du système vaguement libéral, avec lequel on est porté à le confondre. En un mot, j'ai voulu exprimer la séparation de la politique scientifique, basée sur des séries coordonnées de faits historiques généraux, d'avec la politique métaphysique, fondée sur des suppositions abstraites plus ou moins vagues et plus ou moins creuses, qui ne sont qu'une nuance de la théologie.

Je n'ai considéré, dans tout ce qui précède, le grand mouvement moral auquel la société est appelée aujourd'hui, que sous le rapport du changement fondamental à opérer dans les doctrines. Mais il est un autre point de vue que je ne dois pas négliger d'indiquer en peu de mots dans cette Préface.

Les idées et les sentimens se tiennent et se correspondent nécessairement. Tout grand mouvement dans les idées en exige un semblable dans les sentimens. Sous ce rapport, la philanthropie est l'analogue et l'auxiliaire indispensable de la philosophie. Pour déterminer le grand mouvement philosophique qui doit avoir pour objet la refonte des idées générales, il est indispensable que l'activité philanthropique se développe dans tous les hommes susceptibles de sentimens élevés et généreux. La décadence des doctrines générales anciennes a laissé développer l'égoïsme, qui envahit de jour en jour la société, et qui s'oppose éminemment à la formation des nouvelles doctrines. Il faut donc mettre en jeu la philanthropie pour le combattre et pour le terrasser. Cette action n'est pas moins nécessaire que celle de la philosophie, et même elle doit la précéder. C'est pourquoi j'ai cru devoir, dès ce premier fragment de mon travail, faire un appel aux philanthropes, c'est-à-dire, à tous les hommes doués de sentimens généreux, quelle que soit leur existence sociale : qu'ils appartiennent à l'ancien système, ou au système nouveau, ou au système transitoire, cet appel terminera ce premier écrit.

Ce volume se compose de Lettres qui ont été envoyées aux personnes à qui elles sont adressées, depuis le mois de juin 1820 jusqu'en janvier 1821.

Cette Correspondance a pour objet de faire monter, par une pente douce, jusqu'au point de vue élevé d'où les choses sont envisagées dans l'*Adresse aux Philanthropes*, qui la termine.

CONSIDÉRATIONS

SUR LES MESURES A PRENDRE

POUR

TERMINER LA RÉVOLUTION,

OU

PREMIÈRE CORRESPONDANCE

AVEC MESSIEURS LES INDUSTRIELS,

INTRODUCTION.

DEUX factions qui luttent avec acharnement pour la possession exclusive des pouvoirs existans, que chacune d'elles considère, par des motifs différens, comme sa propriété naturelle; un gouvernement qui cherche à se garantir des tentatives de l'une et de l'autre, mais qui se croit néanmoins obligé de satisfaire leur avidité commune, en répartissant, d'une manière plus ou moins égale, les bénéfices de l'administration entre les deux classes rivales d'ambitieux; enfin, des industriels de tous genres, cultivateurs, fabricans et négocians, qui se lamentent de porter deux bâts, qui désirent vivement de ne plus servir de pâture aux intrigans de toute espèce, mais qui n'ont aucune idée nette, ni aucune volonté arrêtée, sur la marche à suivre pour cela, et qui, par suite, restent spectateurs passifs de la lutte, attendant avec bonhomie qu'une portion de ceux qui vivent ou qui aspirent à vivre de l'intrigue et du gaspillage, les délivre généreusement du gaspillage et de l'intrigue : tel est, en raccourci, le tableau que présente la scène politique actuelle, à tout observateur

1*

impartial et éclairé ; tel a été, jusqu'à présent, le triste résultat d'une révolution dont le but était manifestement, dès l'origine, l'organisation d'un régime économique et libéral, ayant pour objet direct et unique de procurer la plus grande source de bien-être possible à la classe laborieuse et productrice, qui constitue, dans notre état de civilisation, la véritable société.

Quelles sont les causes qui, en détournant notre révolution de son but primitif, ont amené et retiennent la société dans le déplorable état où elle se trouve aujourd'hui? Quels sont les moyens de l'en faire sortir, d'établir l'ordre et la prospérité sur des bases solides ? Telles sont les deux questions générales intimement liées entre elles, dont je présente ici un premier éclaircissement.

Le caractère essentiel de cet écrit, celui que je désire principalement avoir rendu sensible, c'est le rapprochement, ou, pour mieux dire, la communauté que j'établis partout entre les intérêts de la royauté et ceux des industriels. La combinaison de ces deux forces a été la pensée dominante qui a occupé mon esprit pendant tout le cours de ce travail : j'aurai atteint mon but le plus important, si je puis obtenir que l'attention des industriels, ainsi que celle des vrais amis de la royauté, se fixe sérieusement sur ce point fondamental.

Pour faire sentir aux deux parties intéressées toute l'importance de ce rapprochement, j'ai tâché de leur démontrer séparément : 1°. Que la principale déviation de la révolution a consisté dans la faute commise par la royauté de se séparer des communes, peu de temps après l'ouverture des états-généraux; et par les communes, de se laisser bientôt entraîner dans une direction hostile à l'égard de la royauté, au lieu de persister, des deux côtés, dans une combinaison de forces politiques dont la bonté était éprouvée, tant pour la royauté que pour les communes, par une expérience de plusieurs siècles : 2°. Que, par conséquent, le besoin le plus pressant, dans l'état actuel des choses, pour la royauté et pour les communes, est de revenir immédiatement à cette sage combinaison.

Je fais observer à la royauté, que, si le but réel de la révolution a été manqué jusqu'à présent, et précisément même parce qu'il l'a été, il n'en a pas moins continué de subsister, et il subsiste encore dans toute sa force et dans toute son étendue, excepté que les principaux obstacles à son accomplissement ont été levés; car, pour les corps politiques comme

pour les individus, tout besoin réel dure nécessairement jusqu'à ce qu'il ait été satisfait,
et il se prononce avec d'autant plus d'énergie,
qu'on tarde plus long-temps à le satisfaire.
Ainsi, la révolution est loin bien d'être terminée, et elle ne peut l'être que par l'entier
accomplissement du but que la marche des
choses lui a assigné, c'est-à-dire, par la formation du nouveau système politique.

Il n'est au pouvoir d'aucune force humaine
de faire rétrograder ce mouvement naturel, ni
même de n'y obéir qu'à demi : ce qu'il peut y
avoir de plus avantageux pour la royauté, c'est
de se placer à sa tête.

Considérant ensuite la question, quant à
l'intérêt particulier et immédiat du pouvoir
royal, je prouve que le besoin impérieux de
sa conservation lui fait une loi pressante de
se liguer le plus promptement et le plus complétement possible avec les industriels, qui
peuvent seuls protéger efficacement la royauté
contre les attaques de la féodalité napoléonienne. Je fais voir que les préventions du
Gouvernement contre l'attachement des industriels à la royauté entre les mains de la
dynastie actuelle, ne sont nullement fondées.
Les industriels étant par position essentiellement amis de l'ordre, et n'ayant en vue, sous

le rapport politique, que l'établissement d'un
système d'administration économique et utile
à l'industrie, il n'y aurait point de possibilité
qu'il se formât en eux le moindre désir d'un
changement de dynastie, aussitôt que le pouvoir royal aurait clairement prononcé l'intention de faire cause commune avec eux, et
d'abandonner à elles-mêmes les deux classes
de frélons qui vivent à leurs dépens. Dès ce
moment, on verroit les industriels prendre une
attitude qui ôterait absolument tout espoir
de succès aux ambitieux qui espèrent opérer
le renversement de la dynastie actuelle pour
placer sur le trône un roi de leur façon.

En m'adressant, d'une autre part, aux industriels, je leur fais voir que le moment est
arrivé pour eux d'entrer en activité politique,
et de s'occuper directement de leurs intérêts
généraux, sans prendre plus long-temps des
conseils hors de leur sein, excepté parmi les
savans occupés de la culture des sciences d'observation, avec lesquels ils doivent se regarder
comme ne faisant qu'un seul et même corps;
j'établis que tous les fléaux dont ils ont été
accablés depuis le commencement de la révolution, ont eu pour cause première et générale
leur inertie politique, leur obstination à confier aux légistes la conduite de leurs intérêts

sociaux. Je tâche de leur faire sentir combien
il est absurde, de leur part, d'attendre d'autres
que d'eux-mêmes la formation d'un régime
économique, et conçu dans l'intérêt de la
culture, de la fabrication et du commerce,
puisqu'ils sont les seuls qui puissent avoir à
la fois et la volonté réelle, et la capacité d'établir un tel système. Je m'efforce de les convaincre que leur inertie est aujourd'hui la
seule difficulté véritable qu'ils aient à sur-
monter, puisque leurs forces sont, sous tous
les rapports, et au plus haut degré, prépondérantes.

Raisonnant d'après ces données, je conclus
que, si le pouvoir royal, éclairé sur ses plus
chers intérêts, se décide à prendre les mesures
nécessaires pour mettre les industriels en activité politique, ils devront s'empresser de
marcher avec confiance dans la route qui leur
sera ouverte. Dans le cas contraire, l'intérêt
de la royauté, comme le leur propre, leur fait
une loi de prendre l'initiative à cet égard. Dans
l'une ou l'autre supposition, le premier acte
politique des industriels doit être une déclaration solennelle et énergique qu'ils veulent
formellement le maintien de la royauté entre
les mains des Bourbons. Cette déclaration est
indispensable pour faire cesser les tentatives

turbulentes des ambitieux, en leur ôtant tout espoir de succès. Je fais voir aux industriels que les préventions que les bonapartistes tendent à leur inspirer sur le désir des Bourbons de prolonger la durée des pouvoirs abusifs, sont absolument chimériques ; car les Bourbons doivent évidemment tenir beaucoup plus à jouir du pouvoir avec sécurité (ce que la protection des industriels leur garantirait pleinement) qu'à l'étendre au-delà de ce qui est nécessaire dans l'état actuel de la société.

Les conclusions générales de cet écrit, relativement aux industriels et à la royauté, sont donc que ces deux puissances ont le plus grand intérêt à s'unir, et que cette combinaison ne saurait être ni trop prompte ni trop intime.

Mais ce résultat n'était point suffisant. Trop souvent on a donné, soit au gouvernement, soit aux peuples, des conseils qui ; bien que justes au fond, n'ont pu être d'aucune efficacité réelle, faute d'avoir été assez précisés, et d'avoir indiqué des moyens d'exécution susceptibles d'être mis sur-le-champ en activité. J'ai donc cru devoir compléter mon travail en proposant des mesures administratives immédiatement applicables, et qui ont pour objet de commencer à former la ligue des industriels

et de la royauté, pour travailler à la coordina-
tion et à l'établissement du nouveau système
politique. Ces mesures peuvent, d'un côté,
être mises facilement à exécution, dès ce moment, par le pouvoir royal, s'il se décide à les
adopter. D'un autre côté, je prouve aux industriels qu'ils ont des moyens simples et légaux
de déterminer promptement leur adoption
par la royauté, au cas où celle-ci serait assez
aveuglée pour n'en pas reconnaître avant eux
l'efficacité.

On peut voir, par ce court aperçu, que mon
travail se compose de trois sortes de considérations. J'établis d'abord la nécessité, pour les
industriels et pour la royauté, de combiner
leurs forces ; j'expose ensuite les mesures qui
peuvent commencer à mettre cette combinaison en activité ; enfin, je fais voir que ces mesures sont susceptibles d'une exécution facile
et immédiate.

CONSIDÉRATIONS

SUR LES MESURES A PRENDRE

POUR

TERMINER LA RÉVOLUTION.

A MESSIEURS

LES AGRICULTEURS, NÉGOCIANS, MANUFACTURIERS, ET AUTRES INDUSTRIELS QUI SONT MEMBRES DE LA CHAMBRE DES DÉPUTÉS.

PREMIÈRE LETTRE.

MESSIEURS,

Sous les rapports les plus essentiels, ce sont les légistes et les métaphysiciens qui dirigent aujourd'hui les affaires publiques : ils occupent les places les plus importantes du Gouvernement ; leur opinion est prépondérante dans le conseil d'état ; ils ont la majorité dans la chambre des députés ; on peut même les considérer comme étant entièrement maîtres de cette chambre, car ce sont eux qui ont fourni des chefs aux deux partis qui la composent. En un mot, les légistes et les métaphysiciens dominent, au moment actuel, la société dans toutes ses parties et sous tous ses rapports politiques; ce sont eux qui dirigent les gouvernans; ce sont eux aussi qui dirigent les gouvernés ; ce sont eux qui font les plans des *ultra* ; ce sont eux qui font les calculs ministériels ; ce sont eux enfin qui combinent pour les libéraux les moyens de s'opposer au retour de l'ancien régime.

Messieurs, les légistes et les métaphysiciens s'occupent beaucoup plus des formes que du fond, des mots que des choses, des principes que des faits ; ils ne sont point habitués à diriger leur attention et leurs travaux vers un but unique, fixe et déterminé : or, de tout cela, il doit résulter, et il résulte en effet que leur esprit s'égare souvent dans le labyrinthe des idées abstraites; et de tout cela je tire la conclusion suivante :

Tant que ce seront les légistes et les métaphysiciens qui dirigeront les affaires publiques, la révolution n'atteindra point son terme, le Roi et la Nation ne sortiront point de la position précaire dans laquelle ils vivent depuis trente ans, un ordre de choses stables ne s'établira point.

Messieurs, permettez - moi de vous faire une question que j'adresse en même temps à tous les cultivateurs, négocians et manufacturiers de France ;

Je vous demande :

1°. Si c'est à un légiste que vous vous adressez, quand vous avez besoin d'un conseil relativement à une affaire de culture, de commerce, ou de fabrication ;

2°. Si c'est à un légiste que vous confiez le soin de vos affaires, quand vous vous absentez de votre maison.

A cela vous me répondrez unanimement que vous regardez les légistes comme des faiseurs de phrases, qu'ils vous paraissent embrouiller tout ce qu'ils veulent éclaircir ; et que, loin de chercher à les introduire dans la direction de vos entreprises, vous évitez avec le plus grand soin d'avoir avec eux d'autres rapports que ceux qui résultent des relations générales, existantes entre tous les membres de la grande société. En un mot, vous déclarez qu'une maison d'industrie vous paraît perdue quand elle se trouve forcée, par les circonstances, à placer son gouvernail dans les mains d'un légiste.

Votre réponse, Messieurs, est un aveu formel que votre conduite politique actuelle n'est pas celle que vous devriez tenir ; car chacun de vous déclarant que les légistes ne sont nullement capables de diriger les intérêts particuliers des agriculteurs, des négocians et des fabricans, il résulte de la collection de vos déclarations individuelles la reconnaissance générale de la faute que vous avez commise, et que vous commettez encore journellement en vous laissant guider par les légistes dans les réclamations que vous faites pour les intérêts généraux de la culture, du commerce et de la fabrication.

Si vous voulez demander des conseils (et je crois que ce sera très bien vu de votre part), c'est aux physiciens, aux chimistes et aux physiologistes, en un mot aux savans qui composent l'Académie des Sciences, et à ceux qui méritent d'y être admis, que vous devez vous adresser. Il n'y a aucun rapport entre vos occupations et celles des légistes. Les objets sur lesquels vous fixez votre attention ne sont pas les mêmes. Les facultés intellectuelles qu'ils exercent, et celles que vous exercez, sont essentiellement différentes : c'est leur esprit qui est toujours en jeu, et ils tendent le plus ordinairement à la subtilité et à l'argutie, tandis que vous rejetez loin de vous toute opération que votre simple bon sens n'est pas en état de juger.

Cessez de vous laisser conduire par les légistes, renoncez à l'existence politique subalterne dont vous vous êtes contentés jusqu'à ce jour; élevez-vous à la hauteur des circonstances où vous vous trouvez, elles vous sont extrêmement favorables; un seul effort généreux suffira pour vous placer en première ligne; faites-vous une opinion qui vous soit propre, formez un parti qui soit le vôtre.

Examinez les précédens, c'est-à-dire, observez la marche que la civilisation a suivie jusqu'à présent, et vous reconnaîtrez qu'il résulte évidemment de notre passé politique, que la révolution française ne se terminera qu'à l'époque où l'administration des affaires nationales sera organisée de la manière la plus convenable pour assurer la prospérité de l'agriculture, du commerce et de la fabrication.

Vous reconnaîtrez aussi que cette évidence générale donne naissance à plusieurs évidences secondaires, particulièrement aux quatre suivantes :

1°. Il est clair que le parti dont l'objet direct sera de déterminer le Gouvernement à s'organiser de la manière la plus favorable pour la prospérité de l'industrie, triomphera de tous les partis, et qu'il terminera la révolution.

2°. Il est également clair que le noyau du parti qui terminera la révolution se composera principalement de cultivateurs, de négocians, d'artistes et de manufacturiers.

3°. Il est hors de doute que si la révolution, qui dure déjà depuis plus de trente années, n'est pas plus avancée, c'est par la raison qu'aucun des partis qui se sont formés ne s'est trouvé composé de la manière convenable ; c'est par la raison que les industriels n'ont joué encore qu'un rôle passif en politique.

4°. Enfin, il est évident que votre position de membres de la chambre des députés vous appelle à former le noyau du parti industriel.

Cette première lettre sera suivie de plusieurs autres que j'aurai l'honneur de vous adresser avant l'ouverture de la prochaine session : je vous soumettrai, dans cette correspondance, un plan de conduite politique que j'ai conçu pour vous. Ce plan est simple ; il n'a rien de métaphysique ; il m'a été dicté par le bon sens, et le bon sens vous suffira pour le juger.

Son exécution, qui n'offrira pas de grandes difficultés, assurera à la maison de Bourbon la paisible jouissance de la royauté héréditaire ; elle garantira aux riches le maintien de la tranquillité publique ; elle assurera aux pauvres la plus grande masse de travail que la société puisse leur procurer, et elle diminuera successivement l'impôt énorme et toujours croissant que la nation supporte sans qu'il en résulte d'avantages pour elle.

J'ai l'honneur d'être, Messieurs, avec le plus entier dévouement aux intérêts politiques des industriels,

Votre très humble et très obéissant serviteur,

Henri SAINT-SIMON.

~~~~~~

IIe LETTRE.

MESSIEURS,

Je vous ai annoncé, dans ma Lettre précédente, que je vous indiquerais des moyens d'un succès certain, pour déterminer le Roi à prendre les mesures les plus propres pour assurer la prospérité de la culture, du commerce et de l'industrie manufacturière ;

Je vous ai déclaré que les moyens que je vous indiquerais seraient pacifiques, légaux et d'une exécution peu difficile ;

Je vous ai promis de vous faire connaître la manière de vous y prendre pour forcer le Gouvernement à réformer l'administration des affaires publiques, pour le réduire à la nécessité (bien chagrinante à son gré) d'opérer la suppression des places et des dépenses inutiles;

Je vous ai dit, enfin, que je vous ferais atteindre ce but, sans vous exposer, un seul moment, au reproche d'avoir manqué au respect dû à Sa Majesté.

Je m'empresse, Messieurs, de vous renouveler les engagemens que j'ai contractés à cet égard; mais je vous observe, en même temps, que ce ne sera point au début de cette correspondance que je vous exposerai l'ensemble du projet que j'ai conçu pour l'industrie française.

Si j'ajourne la communication que je dois vous donner de ce projet, ce n'est pas (comme vous pourriez le penser) parce que je ne me trouve point en mesure de m'expliquer nettement à ce sujet ; mes idées à cet égard sont complétement éclaircies, car mon travail est prêt :

C'est par la raison que je ne fixerais pas suffisamment votre attention sur mon travail, si je vous le présentais trop brusquement ;

C'est par la raison qu'il se trouve une condition préliminaire que je dois remplir avant d'entrer en matière : cette condition est de développer en vous le sentiment des forces, des moyens et de la capacité politique des industriels.

Je commencerai donc, Messieurs, par appeler toute votre attention sur les vérités suivantes.

PREMIER FAIT.

MESSIEURS,

Il y a plus de vingt-cinq millions de Français qui sont occupés de travaux relatifs à la culture, au commerce ou à la fabrication : ainsi les industriels sont en grande majorité dans la nation française.

Ainsi, le Roi ayant admis le principe politique,

que la nation doit être gouvernée dans l'intérêt du plus grand nombre des Français, les cultivateurs, les négocians et les manufacturiers ont le droit de demander à Sa Majesté que l'administration des affaires publiques soit organisée de la manière la plus convenable pour assurer la prospérité de la culture, du commerce et de la fabrication.

Ainsi, d'une autre part, les cultivateurs, les négocians et les manufacturiers (leurs ouvriers compris), étant dans la proportion de plus de cinquante contre un à l'égard des autres citoyens, ils se trouvent investis d'une force physique beaucoup plus considérable qu'il n'est nécessaire pour comprimer et même pour dissoudre entièrement toutes les factions qui ont empêché, jusqu'à ce jour, et qui empêchent encore le Roi d'adopter des principes d'administration générale qui soient conformes aux intérêts des industriels.

SECOND FAIT.

MESSIEURS,

Ce sont incontestablement les cultivateurs, les négocians et les manufacturiers (parmi lesquels je comprends les artistes) qui ont produit toutes les richesses qui existent en France.

Ce sont eux aussi qui possèdent la majeure partie

des richesses acquises ; car tous les magasins de quelque importance leur appartiennent.

Les industriels sont donc investis de la plus grande partie de la force pécuniaire possédée par la nation française.

Or, il est évident que la prépondérance pécuniaire des industriels sur les autres Français suffirait, à elle seule, pour leur donner les moyens de forcer le Gouvernement à s'organiser conformément aux intérêts des cultivateurs, des négocians et des manufacturiers.

TROISIEME FAIT.

Messieurs,

Les efforts d'intelligence les plus grands, les plus positifs et les plus utiles sont faits par les cultivateurs, par les négocians, par les artistes et par les manufacturiers, ainsi que par les physiciens, par les chimistes et par les physiologistes qui font corps avec eux, et qui doivent être considérés aussi comme des industriels, puisqu'ils travaillent à découvrir et à coordonner les faits généraux propres à servir de base à toutes les combinaisons de culture, de commerce et de la fabrication.

Ainsi, les industriels ont une supériorité très prononcée et très positive d'intelligence acquise sur les autres Français.

Ils sont donc en état de faire de meilleures combinaisons qu'eux ;

Ils sont donc capables de combiner la marche qu'ils doivent suivre pour déterminer le gouvernement à s'organiser dans leur intérêt, qui est l'intérêt général, c'est-à-dire l'intérêt de la majorité.

QUATRIEME FAIT.

MESSIEURS,

Les travaux auxquels se livrent les industriels ont différens degrés de généralité, et il résulte de cette disposition fondamentale une sorte de hiérarchie entre les différentes classes qui composent cette masse énorme de citoyens actifs pour la production.

Ainsi, les industriels peuvent et doivent être considérés comme ayant une organisation et comme formant une corporation.

Et, en effet, tous les cultivateurs et les autres fabricans sont liés entre eux par la classe des commerçans, et tous les négocians ont, dans les banquiers, des agens qui leur sont communs ; de manière que les banquiers peuvent et doivent être considérés comme les agens généraux de l'industrie.

Dans cet état de choses, il est facile aux industriels de se combiner et d'agir de concert pour leurs intérêts politiques.

Dans cet état de choses, les premières maisons de banque de Paris se trouvent appelées à diriger l'action politique des industriels ;

Dans cet état de choses, la morale impose aux chefs de ces maisons l'obligation de travailler à la formation du parti industriel ;

Dans cet état de choses, enfin, le plus puissant et le plus actif de tous les stimulans pousse les chefs des premières maisons de banque de Paris à planter le drapeau industriel ; car la carrière qui leur est ouverte, comme agens généraux des intérêts politiques de l'industrie, est celle qui peut leur procurer le plus d'estime, de considération, de bonheur et de richesses.

CINQUIÈME FAIT.

MESSIEURS,

Dans l'état présent de la civilisation, la première capacité politique est la capacité en administration ; le ministère le plus important est celui des finances, et le gouvernant qui acquerrait la plus grande réputation, serait celui qui produirait le meilleur projet de budget ; c'est-à-dire le projet de ce genre le plus conforme aux intérêts des cultivateurs, des négocians et des manufacturiers.

Or, les industriels sont de tous les Français ceux qui ont fait les meilleures études en administration, parce que leurs capitaux sont toujours en activité, parce que les capitaux qu'ils font valoir sont, par l'effet de leur crédit, triples de ceux qu'ils possèdent, de manière que les fautes qu'ils commettent en administration se trouvent avoir soixante fois plus d'inconvéniens que celles dans lesquelles tombent les autres citoyens qui, dans toutes les directions publiques et privées, n'ont habituellement que des revenus à gérer.

Et il résulte évidemment du fait que les industriels sont les citoyens les plus capables en administration:

1°. Que c'est un industriel qui doit être chargé de concevoir le projet du budget;

2°. Que les industriels les plus éclairés doivent être chargés de discuter ce projet avant qu'il soit soumis à l'examen des chambres; (1)

3°. Que tout citoyen employé dans les admi-

_____

(1) J'ai examiné, dans mon travail sur la loi des élections, la question de la capacité des *industriels*, et de cet examen il est résulté l'éclaircissement d'un fait du plus haut degré d'importance en politique.

Ce fait est que la richesse est, en général, une preuve de capacité chez les *industriels*, même dans le cas où ils ont hérité de la fortune qu'ils possèdent; tandis que, dans les autres classes de citoyens, il est toujours vraisemblable que les plus riches sont inférieurs en capacité à ceux qui

nistrations publiques doit avoir fait son apprentissage dans les administrations industrielles.

J'ai l'honneur d'être,

MESSIEURS,

Votre très humble et très
obéissant serviteur.

---

ont reçu une éducation égale à la leur, et qui ne jouissent que d'une fortune médiocre.

Cette vérité, je le répète, jouera un rôle très important dans la politique positive.

IIIe LETTRE.

M ESSIEUR,

Déjà depuis long-temps les industriels sont individuellement libres : ils sont entièrement indépendans des individus attachés aux autres classes
de la société ; mais leur corporation porte encore
le joug qui lui a été imposé d'abord par les militaires, ensuite par les légistes.

Pour s'affranchir de la domination des militaires
et des légistes (de ces hommes dont les travaux ne
sont plus que d'une utilité passagère ou secondaire), la première chose que les industriels ont à
faire, ainsi que je vous l'ai dit dans ma dernière
Lettre, c'est d'acquérir conscience claire de leurs
forces, de leurs moyens et de leur capacité politique.

Celui qui se croit subalterne l'est en effet. — Celui
qui se sent capable de jouer le premier rôle est le
s el qui donne à ses facultés tout le développement
dont elles sont susceptibles. — Si vous vous faites
mouton, le loup vous mangera.

La première chose que les industriels ont à faire,
c'est de se convaincre, par quelques bonnes ré-

flexions faites le matin, la tête sur leur oreiller, que ce sont les cultivateurs, les négocians, ainsi que les manufacturiers, qui sont appelés, exclusivement à tous autres citoyens, à concevoir et à combiner les moyens de faire prospérer d'une manière générale la culture, le commerce et la fabrication.

C'est l'ignorance dans laquelle ils ont été jusqu'à ce jour de ce fait important, qui les a empêchés jusqu'à présent de faire la démarche simple et qui leur était dictée par le sens commun, de dire au Roi : « Si vous désirez sincèrement que la culture, que le commerce et que la fabrication prospèrent dans vos états, le seul et unique moyen consiste à placer l'administration des affaires publiques dans les mains des industriels.

Enfin, Messieurs, la première chose que les industriels ont à faire, c'est de s'approprier l'opinion qu'il n'existe aucune force qui puisse s'opposer efficacement à l'admission des mesures qui seront jugées convenables par les cultivateurs, par les négocians et par les manufacturiers, pour faire prospérer la culture, le commerce et la fabrication.

En un mot, la première chose que les industriels ont à faire, est de se bien persuader que les difficultés politiques qu'ils ont à vaincre ne sont point au dehors, mais qu'elles existent au dedans même de leur corporation.

La seconde chose dont les industriels doivent s'occuper, c'est de se familiariser avec les observations suivantes, parce que ces faits, quand ils se les seront appropriés, accroîtront en eux le sentiment du droit qu'ils ont de jouir du premier degré d'importance politique et sociale.

PREMIÈRE OBSERVATION.

Messieurs,

L'existence politique générale de la maison de Bourbon en France, et celle des industriels, ont commencé à la même époque.

C'est dans le onzième siècle que les ancêtres des Bourbons ont placé la couronne de France sur leur tête, et c'est aussi dans le onzième siècle que l'affranchissement des industriels est devenu une mesure de politique générale dans notre pays.

Un chose importante à remarquer, et qui est l'objet de cette première observation, c'est que, depuis cette époque jusques et compris le commencement de la révolution actuelle, les Bourbons et les industriels se sont prêté un mutuel appui.

Que les Bourbons comparent leur existence politique présente avec celle des premiers rois de leur dynastie, avec celle de Hugues-Capet et de ses premiers descendans, qui n'étaient à l'égard des grands barons que *primi inter pares ;*

Que les Bourbons réfléchissent sur la manière dont s'est passée la lutte qui s'est engagée entre eux et la noblesse, lutte en résultat de laquelle ils sont parvenus à obtenir la totalité du pouvoir exécutif et la presque totalité du pouvoir législatif qui s'exerce dans toute la France,

Et les Bourbons reconnaîtront que leurs prétentions ont toujours été chaudement soutenues par les industriels, et que c'est à l'appui qu'ils ont continuellement reçu d'eux qu'ils sont redevables du haut degré de puissance auquel ils sont parvenus.

La maison de Bourbon doit donc beaucoup de reconnaissance aux industriels.

Que, de leur côté, les industriels fixent leur attention sur la position civile et politique de leurs devanciers, au commencement de la troisième race, ils seront forcés de s'avouer que leurs pères étaient dans l'esclavage.

Qu'ils descendent ensuite, par la pensée, dans les siècles qui se sont écoulés depuis cette époque, en observant l'amélioration successive de leur existence sociale, et en remarquant les causes qui ont principalement déterminé l'accroissement de leur importance civile et politique,

Et ils acquerront la conviction que c'est en partie à la protection continue qui leur a été accordée par la maison de Bourbon contre les seigneurs qui s'étaient constitués leurs maîtres, qu'ils doivent attribuer les succès qu'ils ont obtenus.

Ainsi les industriels doivent éprouver un sentiment de reconnaissance pour la maison de Bourbon ; ils doivent lui être attachés, ils doivent lui donner des preuves de leur attachement.

Messieurs, d'après ce qui vient d'être dit, il est parfaitement clair que les Bourbons et les industriels se doivent réciproquement de la reconnaissance, et qu'ils doivent par conséquent éprouver de l'affection les uns pour les autres;

Et il est également clair qu'ils doivent partager entre eux les avantages qui sont résultés des conquêtes qu'ils ont faites en commun sur le clergé et sur la noblesse.

SECONDE OBSERVATION.

MESSIEURS,

En mettant de côté les rapports qui ont existé jusqu'à ce moment entre les Bourbons et les industriels, en ne considérant que leur position présente, on s'aperçoit facilement qu'ils ont un grand intérêt à s'unir et même à se liguer complétement ensemble ; car c'est le seul moyen pour eux d'obtenir ce qui peut faire l'objet de leurs désirs raisonnables en politique.

Et, en effet, la maison de Bourbon désire néces-sairement de donner le plus promptement possible la plus grande solidité imaginable à son nouveau trône, à son trône constitutionnel.

Or, il est évident qu'elle n'a pas encore pris les bons moyens pour atteindre ce but ; il est évident qu'elle n'a point encore analysé sa position ac-tuelle ; il est évident, enfin, qu'elle n'a encore écouté que des conseillers ignorans, incapables, ou perfides.

Que le Roi prenne la peine d'examiner lui-même le fond des choses, et cet examen lui prouvera que l'ancienne noblesse ainsi que la nouvelle, que l'ordre judiciaire ainsi que le clergé, ne sont point des alliés assez puissans pour mettre les Bourbons à l'abri des entreprises des factieux ; et qu'ils peuvent d'autant moins garantir la famille royale des factions, qu'ils sont eux-mêmes les factieux les plus dangereux pour elle.

Le Roi reconnaîtra que les industriels, possédant à eux seuls, ainsi que je l'ai prouvé dans une Lettre précédente, plus des neuf dixièmes de la capacité administrative, de la force physique, de la force pécuniaire, et de la force d'intelligence acquise qui existe dans la nation, l'industrie est le seul arc-boutant suffisamment solide pour que le trône des Bourbons puisse y être adossé avec sécurité.

Et Sa Majesté conclura nécessairement que, pour exercer sans inquiétude le pouvoir royal en France, le seul moyen consiste à gouverner pour les industriels et par les industriels.

Passons à l'examen de ce qui concerne l'industrie.

Depuis plus de trente ans que la révolution est commencée, les industriels ont été constamment le jouet des intrigans. Cela est provenu évidemment de ce qu'ils n'ont pas pris la peine de faire une combinaison politique ayant pour objet direct la prospérité de la culture, du commerce et de la fabrication. Cela est provenu de ce qu'ils n'ont point formé un parti qui fût le leur, c'est-à-dire un parti qui ne fût composé que de cultivateurs, de négocians et de manufacturiers ; un parti qui eût pour chefs des cultivateurs, des négocians et des fabricans.

Les industriels reconnaîtront, dès le moment qu'ils auront pris la peine de réfléchir sur leur position actuelle, qu'ils doivent, sans perdre un seul instant, entrer en activité politique sous deux rapports, et prendre les deux partis suivans :

Ils reconnaîtront qu'ils doivent, d'une part, se déclarer franchement les amis, les partisans, les défenseurs de la maison de Bourbon, afin d'ôter tout espoir à la faction qui désire un changement de dynastie, afin aussi d'ôter tout prétexte au ministère pour prolonger la durée des lois d'exception.

Ils reconnaîtront, d'une autre part, qu'ils peuvent demander hardiment au Roi de confier le soin de former le projet de budget à un comité composé d'industriels de profession, puisque cette disposition sera également utile à la royauté et à la nation.

TROISIÈME OBSERVATION.

MESSIEURS,

Les Bourbons et les industriels se sont prêté un mutuel appui depuis le onzième siècle jusqu'à l'époque de la révolution, et ils ont prospéré pendant tout ce long espace de temps.

La ligue entre les Bourbons et les industriels contre les prétentions du clergé et de la noblesse ne s'est point rétablie lors de la rentrée du Roi ; et il est résulté de cette désunion le mal pour les Bourbons qu'ils ont eu, et qu'ils ont encore, à combattre une faction puissante, qui travaille avec activité à opérer un changement de dynastie ;

L'inconvénient pour les industriels, 1°. d'être écrasés d'impositions ; 2°. que les impositions énor-de recombiner leurs forces politiques, et de se

d'une manière utile pour la culture, pour le commerce et pour la fabrication.

Il est de l'intérêt des Bourbons et des industriels de recombiner leurs forces politiques, et de se liguer de nouveau contre les prétentions du clergé, et contre celles de la noblesse, tant ancienne que nouvelle.

Les Bourbons et les industriels ont, dans le moment présent, tous les moyens nécessaires pour se prêter mutuellement un solide appui; et, en employant convenablement leurs forces, ils assureront leur commune prospérité.

Voilà, Messieurs, trois vérités incontestables, et que je crois avoir suffisamment établies dans les deux observations précédentes; maintenant il est de mon devoir, comme publiciste, de proclamer une quatrième vérité qui mérite de fixer l'attention des vrais amis de la maison de Bourbon.

Cette quatrième vérité est qu'il existe, sous un rapport très important, une grande différence entre la position des industriels et celle des Bourbons.

Les industriels sont certains d'atteindre leur but un peu plus tôt ou un peu plus tard; c'est-à-dire, ils sont certains d'obtenir que l'administration des affaires publiques soit organisée de la manière la plus convenable pour la culture, pour le commerce et la fabrication.

3

- Mais les Bourbons n'ont pas un moment à perdre pour donner de la solidité à leur trône. (1)

J'ai l'honneur d'être,

MESSIEURS,

Votre très humble et très
obéissant serviteur.

---

(1) Je m'attends à être dénoncé pour la hardiesse de mes opinions ; mais cette dénonciation ne m'inquiète point, parce que je suis certain de démontrer la pureté de mes intentions et l'utilité de mon travail pour la famille royale.

Les Bourbons sont dans une fausse position, et cette fausse position les expose aux plus grands dangers : ce sont deux faits incontestables, et qu'il ne faut point dissimuler au Roi. Il faut dire à Sa Majesté la vérité tout entière ; il faut la convaincre que le seul moyen efficace qu'elle puisse employer pour établir un ordre de choses stable, consiste à appeler immédiatement les cultivateurs, les négocians et les manufacturiers à son secours ; qu'il consiste à placer la haute administration dans les mains de ces industriels ; en confiant à une commission, prise dans leur sein, le soin de faire le projet du budget.

~~~~~~

IVᵉ LETTRE.

Messieurs,

En résumant mes Lettres précédentes , je vous dirai que , depuis le commencement de la révolution , vous n'avez pas fait un seul moment ce que vous auriez dû faire, et que la royauté n'a pas agi plus sensément que vous; car elle n'a pas tenu la conduite qu'elle aurait dû tenir.

Pendant toute la révolution , la royauté et l'industrie se sont laissé diriger tantôt par les sabreurs et tantôt par les parleurs ; aujourd'hui encore la magistrature suprême, ainsi que toute la classe occupée de travaux utiles , porte le joug des légistes.

La maison de Bourbon ne s'est point occupée de se faire une opinion qui lui fût propre, ni d'organiser un parti qui fût le sien ; et les industriels ont commis, de leur côté, la même faute que les Bourbons. Ces deux puissances ont oublié qu'elles avaient toujours été alliées depuis l'origine de leur existence politique, et que leur grandeur acquise était le résultat de la combinaison de leurs forces.

Les Bourbons et les industriels se sont désunis,

et c'est leur désunion qui a donné au clergé et à la noblesse le moyen de se refaire une existence politique; c'est elle qui a donné naissance au parti anti-royal et anti-national qui s'est formé dans ces derniers temps, et qui s'oppose de tout son pouvoir à l'établissement d'un ordre de choses stable.

Si la maison de Bourbon, d'une part, si l'industrie, de son côté, ont suivi une mauvaise route, c'est par la raison qu'elles n'ont pas développé l'énergie qu'exigeaient les circonstances, et qu'elles ont pris des guides, tandis qu'elles devaient choisir elles-mêmes le chemin qu'il leur convenait de suivre pour atteindre une position avantageuse et solide.

Il a existé une époque à laquelle les militaires ont dû dominer la société; et ils ont, en effet, exercé sur elle un grand empire. Cette époque a été celle de l'ignorance.

Les métaphysiciens et les légistes ont dû jouer ensuite le premier rôle; car ce sont eux qui ont mis en évidence les vices de la féodalité, et ils ont, en effet, fixé la principale attention de la société sur leurs discours et sur leurs écrits. Cette époque a été celle de la demi-science.

Mais, Messieurs, le progrès des lumières a enfin amené le régime du sens commun, et le sens commun n'est ni violent, ni bavard; il n'est ni militaire, ni légiste.

Les organes naturels, les seuls véritables organes du sens commun, ou de l'intérêt commun, sont les industriels, par la raison que la force des choses contraint les cultivateurs, les négocians, ainsi que les fabricans, à mener de front la combinaison de l'intérêt général avec les calculs relatifs à leurs intérêts particuliers.

Ainsi, le Roi doit placer définitivement sa confiance dans les industriels ; il doit les charger de la direction générale de l'administration publique.

Maintenant, Messieurs, c'est au Roi que je vais m'adresser. Dans un écrit que je vais faire imprimer, et que j'aurai l'honneur de vous envoyer, je démontrerai clairement à Sa Majesté que son intérêt, que l'intérêt de sa dynastie, et même que l'intérêt de la royauté, exigent que l'administration des affaires publiques soit dirigée par des industriels de profession.

A la suite de ce travail, j'exposerai, tant à Sa Majesté qu'à vous, Messieurs, les mesures à prendre pour terminer immédiatement la révolution, en commençant l'organisation du régime le plus favorable à la prospérité de la culture, du commerce et de la fabrication.

Je prouverai à Sa Majesté :

1°. Que l'adoption de ces mesures est le meilleur

et même le seul moyen qu'elle puisse employer pour donner de la solidité à son trône ;

2°. Que l'adoption de ces mesures n'éprouvera de la part de la nation aucune difficulté, et que ces mesures seront même accueillies par elle avec enthousiasme.

Et à vous, Messieurs, je vous prouverai :

1°. Que l'adoption de ces mesures satisfera tous les désirs politiques raisonnables des cultivateurs, des négocians et des manufacturiers ;

2°. Qu'il vous sera facile, par des moyens pacifiques et légaux, de déterminer Sa Majesté à adopter ces mesures, dans le cas où elle en serait détournée par des personnes ignorantes ou mal intentionnées.

J'ai dû faire précéder l'exposition des moyens à employer pour terminer la révolution, d'une part, des considérations préliminaires que je vous ai présentées ; et, d'une autre part, de celles que je vais soumettre à Sa Majesté ; parce que, sans cette précaution, le plan que j'ai conçu n'aurait pas suffisamment fixé votre attention, ni celle du Roi.

Les choses les plus simples sont, Messieurs, celles qu'on trouve les dernières. Vous serez, j'ose le dire, étonné de la simplicité des moyens que je vous présenterai pour terminer la révolution : le seul bon sens suffira pour les apprécier ; le seul bon sens suffira également pour les mettre à exécution; et cependant le succès en sera parfaitement certain.

J'ai l'honneur d'être,

MESSIEURS,

Votre très humble et très
obéissant serviteur.

———

AU ROI.

Sire,

La sollicitude des souverains est concentrée, depuis plusieurs années, et principalement aujourd'hui, sur l'état du corps social.

En France, ainsi que dans les autres pays occidentaux de l'Europe, tous les hommes sages contemplent avec anxiété la crise dans laquelle la société se trouve engagée; tous les bons esprits, quelles que soient d'ailleurs leurs opinions sur la nature de cette crise et sur les moyens de la faire cesser, reconnaissent l'impossibilité absolue que la situation politique actuelle puisse être durable : tous proclament la nécessité d'arriver enfin à un ordre de choses stable. Ce besoin est aujourd'hui profondément senti tant par les peuples que par les princes, chacun pour leurs intérêts respectifs.

L'existence du mal étant suffisamment constatée et admise, on ne peut plus s'occuper que de chercher le remède. Malheureusement tous les efforts faits jusqu'à ce jour, dans cette vue, par les hommes d'État et par les publicistes, n'ont point sensiblement avancé la solution de la question. Cela est manifeste, puisque, malgré tant de travaux théoriques et de tentatives pratiques , les gouvernans et les gouvernés sont toujours à peu près également mécontens de l'état des choses , également inquiets de leur avenir, également incertains sur la marche qu'ils doivent adopter.

Il faut nécessairement conclure d'un tel fait, que les recherches des hommes d'État et des publicistes , pour rétablir le calme dans l'ordre social, ont été jusqu'à présent mal dirigées.

Si l'on essaie de remonter plus haut , et de déterminer en quoi leur marche a été vicieuse , on trouve que c'est pour avoir presque exclusivement fondé leurs raisonnemens sur des principes purement métaphysiques, et sur une analyse superficielle de l'état social actuel, au lieu de leur avoir donné pour base la série des grandes observations historiques relatives à la marche de la civilisation. C'est ce qu'il est aisé de prouver par les réflexions suivantes qu'il suffit d'indiquer sommairement.

A considérer la grande question politique sous le point de vue le plus facile à saisir pour les gouvernemens , elle se réduit tout entière à déterminer quel est l'ordre de choses qui peut aujourd'hui acquérir de la stabilité.

Or, la seule constitution solide et durable est évidemment celle qui s'appuie sur les forces temporelles et spirituelles, dont l'influence est actuel-

lement devenue prépondérante, et dont en même
temps la supériorité tend à se prononcer de plus
en plus, par la seule marche naturelle des choses.
Cela posé, il n'est pas douteux que l'observation du
passé ne soit le seul moyen de découvrir sans incertitude quelles sont ces forces, et d'évaluer aussi
exactement que possible leur tendance et leur degré
de supériorité. Il s'ensuit donc que l'étude de la
marche de la civilisation doit être la base des raisonnemens politiques propres à diriger les hommes
d'état dans la formation de leurs plans généraux de
conduite. C'est parce que les plus capables même
d'entre eux n'ont jamais suivi cette méthode, c'est
parce qu'ils se sont bornés à analyser l'état présent de la société, abstraction faite de ceux qui
l'ont précédé, que leur politique est restée jusqu'ici
sans bases véritables.

Aucune analyse du présent, ainsi considérée
d'une manière isolée, avec quelque habileté qu'on
la suppose faite, ne peut fournir que des données
très superficielles, et même entièrement erro-
nées; car elle expose perpétuellement à confondre,
et à prendre les uns pour les autres, deux sortes
d'élémens qui coexistent toujours dans l'état actuel d'un corps politique, et qu'il est si essentiel
de distinguer; savoir, les restes d'un passé qui
s'éteint, et les germes d'un avenir qui s'élève.

Cette distinction, utile à toutes les époques pour

l'éclaircissement des idées politiques, est fondamentale aujourd'hui où nous touchons à la plus
grande révolution de l'espèce humaine.

Or, comment discerner, sans être guidé par
l'observation approfondie du passé, les élémens
sociaux relatifs au système qui tend à disparaître,
de ceux correspondans au système qui tend à se
constituer?

Et, sans avoir fait scrupuleusement cette distinction, quelle sagacité humaine pourrait éviter
de prendre souvent, pour les forces réellement
prépondérantes, des forces dont il ne reste plus
que l'ombre, et qui ne sont, pour ainsi dire, que
des êtres métaphysiques?

Il est donc tout-à-fait indispensable aux gouvernemens, pour voir la crise sociale actuelle sous
son aspect véritable, et pour découvrir le vrai
moyen de la terminer, de donner pour base à leurs
raisonnemens les résultats généraux auxquels conduit la série des observations sur la marche de la
civilisation.

Mais il faut considérer, de plus, que cette série
ne peut être fort instructive et fort utile qu'autant qu'elle est prise de très haut, et qu'elle s'attache
à l'ensemble du système social, ou à ses élémens
les plus essentiels. Datée d'une époque trop rapprochée, ou suivie sous un point de vue trop
particulier, elle pourrait engendrer des erreurs

nouvelles : on en citerait aisément de nombreux exemples.

L'époque de la formation de nos sociétés modernes, au moyen âge, me paraît être le point de départ le plus convenable. L'observation (1) philosophique du passé, depuis cette époque, fournit un fait général éminemment remarquable, qui suffit pour établir sur une base positive et très large la politique actuelle des gouvernemens.

C'est à l'exposition sommaire de ce fait et de ses principales conséquences que je me bornerai dans cet écrit, que je prends la liberté d'adresser à Votre Majesté.

SIRE,

La prédication du christianisme en Europe, et la conquête de l'empire d'Occident par les peuples du nord, ont jeté les fondemens de la société moderne. Elle a commencé en France vers le cinquième siècle. Mais elle ne s'est constituée d'une manière régulière que vers le onzième siècle, par l'établissement général de la féodalité, et par l'or-

---

(1) J'ai traité ailleurs (dans la 2ᵉ livraison de *l'Organisateur*) cette série d'observations, d'une manière plus détaillée et plus complète : je dois me borner ici à la présenter sommairement, et seulement sous le point de vue le plus essentiel à la royauté.

ganisation complète du pouvoir spirituel sous Hildebrand et ses premiers successeurs.

Dans cet ancien ordre de choses, tout le temporel de la société était entre les mains des
militaires. Toutes les propriétés mobilières et immobilières leur appartenaient exclusivement. Les
travailleurs même étaient leurs esclaves, individuellement et collectivement.

De même le clergé, qui partageait d'ailleurs avec
les militaires les bénéfices temporels de la féodalité, possédait exclusivement la direction spirituelle de la société, non seulement dans son
ensemble, mais encore dans tous ses détails. Il di-
rigeait seul l'éducation générale et particulière,
et, en outre, ses doctrines et ses décisions ser-
vaient de guides à l'opinion et à la conduite de tous
les hommes, à toutes les époques, ainsi que dans
toutes les circonstances de la vie.

Cette constitution politique s'est maintenue pendant plusieurs siècles, indépendamment de l'action
de la force qui l'avait primitivement établie, parce
qu'elle était en rapport avec l'état de la civilisation à cette époque. L'industrie était alors dans
l'enfance, et la guerre devait être pour les peuples
la principale occupation, soit comme moyen de
s'enrichir, soit comme moyen de repousser les attaques dont ils étaient sans cesse menacés. Par cette
double circonstance, les militaires devaient tout

naturellement être investis du premier degré de puissance et de considération , et les industriels ne pouvaient être classés qu'en subalternes. De même, les sciences positives n'existant point encore , et le clergé étant le seul corps qui possédât quelques lumières , il était de toute nécessité qu'il exerçât un empire absolu sur les esprits, qu'il dirigeât exclusivement les consciences, et par suite , qu'il jouît dans la société d'une existence proportionnée à ses éminentes fonctions.

Deux événemens principaux , amenés par la marche naturelle de la civilisation , et secondés dans leur action par une foule d'événemens importans qui tenaient à cette marche d'une manière plus ou moins étroite , ont irrévocablement détruit peu à peu cette constitution , parce qu'ils ont peu à peu changé de fond en comble l'état de société auquel elle correspondait. Ces deux événemens sont l'affranchissement des communes et la culture des sciences positives, introduites en Europe par les Arabes.

Les industriels, primitivement esclaves, sont parvenus, à force de travail, de patience, d'économie et d'invention ; à grossir le petit pécule que leurs maîtres leur avaient permis de former. Enfin, les militaires, pour se procurer plus aisément les jouissances que leur offraient les nouveaux produits créés par les industriels , ont consenti à leur rendre la libre disposition de leurs personnes et du produit de leurs travaux.

Cet affranchissement ayant permis à l'industrie de se développer, elle a fait, depuis cette époque, des progrès non interrompus et toujours croissans. Le cercle des besoins et des jouissances s'étant par là continuellement agrandi, il en est résulté qu'en même temps que les industriels ont créé par leurs travaux une masse énorme de nouvelles propriétés, les nobles leur ont vendu successivement des portions de plus en plus grandes de leurs propriétés mobilières et immobilières.

Par l'action lente, mais continue, de ces deux causes permanentes, qui concourent au même but, l'état de la propriété a été tellement interverti, que la masse des industriels, y compris les cultivateurs, possède aujourd'hui la très majeure partie des richesses totales.

Ce changement en a entraîné un autre dans la tendance générale de la société.

A mesure qu'elle s'est enrichie par l'industrie, la guerre a perdu de son importance sous le rapport offensif.

Et la même révolution s'étant opérée chez tous les peuples occidentaux de l'Europe, la guerre défensive est aussi devenue de moins en moins importante.

Il est résulté de là que la profession des armes

ne peut plus jouer, dans la société, qu'un rôle très subalterne.

Cet effet naturel a été puissamment secondé par l'invention de la poudre, qui a fait disparaître l'éducation guerrière comme éducation spéciale, et qui a rendu la force militaire essentiellement dépendante de l'industrie ; de telle sorte qu'aujourd'hui les succès militaires sont assurés aux peuples les plus riches et les plus éclairés.

Cet accroissement successif de l'industrie, et ce décroissement correspondant de la féodalité, sous le rapport civil, ont été accompagnés d'une influence politique toujours croissante de la classe industrielle aux dépens de la classe féodale.

Vos ancêtres, Sire, ont puissamment secondé, sous ce rapport essentiel, la marche naturelle des choses ; et, par le concours permanent de ces deux causes, la puissance politique des nobles a été presque entièrement détruite, en même temps que leur force civile s'est éteinte.

Si l'on observe maintenant la société, sous le rapport spirituel, on trouvera qu'il s'y est opéré un changement tout aussi complet.

Quand les sciences d'observation furent introduites en Europe par les Arabes, le clergé commença par les cultiver ; mais bientôt il les abandonna irrévocablement, et elles passèrent entre les mains d'une classe distincte, qui dès lors a formé un nouvel élément dans la société.

Par les immenses progrès que les sciences ont faits depuis, la supériorité de lumières du clergé, qui était le véritable fondement de sa puissance spirituelle, a totalement disparu. Les esprits, en s'éclairant, ont peu à peu perdu leur soumission absolue aux croyances théologiques. Enfin, l'influence politique de ces croyances, et même leur influence morale, ont été détruites dans leur base, du moment qu'on a admis pour chaque individu le droit de les soumettre à la discussion, et de les adopter ou de les rejeter d'après ses lumières personnelles.

A mesure que les opinions du clergé ont cessé de devenir dominantes, celles des savans, sur les objets de leur ressort, ont commencé à faire autorité, même dans les cas où elles se sont trouvées en contradiction manifeste avec les premières.

Aujourd'hui, les décisions scientifiques sont les seules qui aient le pouvoir de commander une croyance universelle. Les décisions théologiques n'ont d'influence réelle que sur les classes les moins éclairées de la société; encore même cette influence y est-elle assez faible, et nullement comparable à celle qu'exercent, sur les mêmes classes, les opinions des savans.

C'est un fait qu'on peut déplorer, mais qu'il faut

4

absolument reconnaître, et qu'il est de la haute
importance de ne perdre jamais de vue, sous peine
de se tromper complétement sur la manière de remédier à l'état de désordre dans lequel la société
est plongée.

Ce qui précède est l'exposé sommaire des observations les plus générales que présente l'ensemble
des principaux faits politiques depuis sept ou huit
cents ans. Cet exposé peut lui-même être fidèlement
résumé par l'énoncé du fait général suivant :

« Les forces temporelles et spirituelles de la so-
« ciété ont changé de mains. La force temporelle
« véritable réside aujourd'hui dans les industriels,
« et la force spirituelle dans les savans. Ces deux
« classes sont, en outre, les seules qui exercent
« sur l'opinion et sur la conduite du peuple une
« influence réelle et permanente. »

C'est ce changement fondamental qui a été la
véritable cause de la révolution française. Cette
grande crise n'a point eu sa source dans tel ou tel
fait isolé, quelque importance réelle qu'il ait pu
avoir d'ailleurs. Il s'est opéré un bouleversement
dans le système politique, par la seule raison que
l'état de société auquel correspondait l'ancienne
constitution avait totalement changé de nature.
Une révolution civile et morale, qui s'exécutait
graduellement depuis plus de six siècles, a engen-

dré et nécessité une révolution politique : rien n'était plus conforme à la nature des choses. Si l'on veut absolument assigner une origine à la révolution française, il faut la dater du jour où a commencé l'affranchissement des communes et la culture des sciences d'observation dans l'Europe occidentale.

Avant de tirer du résumé précédent les conséquences relatives au plan de conduite que me paraissent devoir adopter aujourd'hui les gouvernemens, il est nécessaire de jeter un coup d'œil sur la marche qu'a suivie jusqu'à ce jour la révolution française, et sur ses principaux résultats. Quoique l'état fondamental de la société soit essentiellement resté tel que je viens de le dépeindre, et qu'il n'ait fait seulement que se développer davantage, les événemens l'ont surchargé d'élémens purement accidentels, qui tendent à en faire méconnaître le véritable caractère.

Puisque la révolution française avait pour cause fondamentale le changement des forces qui s'était opéré au temporel et au spirituel, le seul moyen de la diriger convenablement était, sans doute, de mettre en activité politique directe les forces qui étaient devenues prépondérantes ; et tel est encore aujourd'hui le seul moyen de la terminer. Il fallait donc appeler les industriels et les savans à former le système politique correspondant au nouvel état social. C'est ce que paraît avoir senti, Sire, votre illustre et malheureux frère, en accordant au tiers-état une double représentation dans les états-généraux.

La révolution a donc été bien commencée. Pourquoi a-t-elle été presque immédiatement jetée dans une fausse route? C'est ce qu'il importe d'éclaircir; et, pour cela, il est nécessaire de remonter plus haut.

Il est dans la nature de l'homme de ne pouvoir passer sans intermédiaire d'une doctrine quelconque à une autre. Cette loi s'applique bien plus impérieusement encore aux différens systèmes politiques par lesquels la marche naturelle de la civilisation oblige l'espèce humaine à passer. Ainsi, la même nécessité, qui a créé dans l'industrie l'élément d'un nouveau pouvoir temporel destiné à remplacer le pouvoir militaire, et, dans les sciences positives, l'élément d'un nouveau pouvoir spirituel appelé à succéder au pouvoir théologique, a dû développer et mettre en activité (avant que ce changement dans l'état de la société eût commencé à devenir très sensible) un pouvoir temporel et un pouvoir spirituel d'une nature intermédiaire, bâtarde et transitoire, dont l'unique rôle était d'opérer la transition d'un système social à l'autre.

Pour passer du principe militaire au principe industriel, il a dû se former un principe intermédiaire, qui, en reconnaissant la suprématie du premier, assujettit cependant l'action de la force à des limitations et à des règles puisées dans l'intérêt des industriels.

De même, pour passer du pouvoir théologique fondé sur la révélation au pouvoir scientifique fondé par la démonstration, il a dû s'établir un pouvoir moyen, qui, en admettant la supériorité de certaines croyances religieuses fondamentales, fît accorder le droit d'examen sur tous les articles secondaires. La méditation ferait deviner ces deux faits généraux, si l'histoire ne nous le faisait point connaître.

Or, l'histoire nous montre que ces deux classes intermédiaires ont été, pour le temporel, celle des légistes, et, pour le spirituel, celle des métaphysiciens.

Les légistes, qui n'étaient à l'origine que des agens des militaires, ont bientôt formé une classe distincte, qui a modifié l'action féodale par l'établissement de la jurisprudence, laquelle n'a été qu'un système organisé de barrières opposées à l'exercice de la force.

Pareillement, les métaphysiciens (1), sortis

_____

(1) C'est évidemment par eux que la transition s'est opérée au spirituel, en Angleterre et en Allemagne.

En France, ce sont surtout les gens de lettres qui ont

d'abord du sein de la théologie sans cesser jamais de fonder leurs raisonnemens sur une base religieuse, ont modifié l'influence théologique par l'établissement du droit d'examen en matière de dogme et de morale.

Leur action, qui a commencé principalement à la réforme du seizième siècle, s'est terminée, dans le siècle dernier, par la proclamation du principe de la liberté illimitée de conscience.

Il résulte de cet état nécessaire de choses que, dans les deux ou trois derniers siècles, ce sont les légistes et les métaphysiciens qui ont occupé presque exclusivement la scène politique, et que les communes ont peu à peu contracté l'habitude de voir en eux les défenseurs nés de leurs intérêts généraux.

Comme ils avaient effectivement très bien rempli la tâche que la marche naturelle de la civilisation leur avait assignée, les communes prenant d'une manière absolue ce qui n'était vrai que relativement, n'ont pas cru pouvoir mieux faire, lorsqu'elles ont été appelées à former les états-généraux de 1789, que de leur confier la cause industrielle.

---

joué ce rôle. Mais, comme tous leurs principes ont été essentiellement métaphysiques, j'ai cru devoir adopter la dénomination de *métaphysiciens*, de préférence à celle de *littérateurs*, comme étant à la fois plus générale et plus caractéristique.

Cette faute capitale des communes, qui tenait à leur ignorance politique, a été le motif principal de la fausse direction que la révolution a prise dès son origine.

Les communes auraient dû s'apercevoir que la transition était terminée, ou du moins suffisamment avancée, et que, par conséquent, le rôle des légistes et des métaphysiciens était fini, au moins comme rôle principal.

Elles auraient dû considérer que l'objet propre de la révolution étant la formation d'un nouveau système politique, les légistes et les métaphysiciens, dont tous les travaux se bornaient à imaginer des modifications, étaient par cela même incapables de diriger sainement cette révolution; elles auraient dû penser que les savans et les industriels les plus habiles étaient les seuls propres à remplir cette tâche; en un mot, elles auraient dû choisir leurs conseillers dans leur sein.

Les légistes et les métaphysiciens, ainsi appelés à la formation du nouveau système politique, n'ont pu que continuer à suivre leurs habitudes constantes, et ils se sont occupés uniquement d'établir un système très-étendu de garanties pour les gouvernés et de barrières contre les gouvernans, sans s'apercevoir que les forces contre lesquelles ils voulaient encore se précautionner étaient presque éteintes.

Quand ils ont voulu aller plus loin, ils se sont jetés dans la question absolue du meilleur gouvernement imaginable; et, toujours dirigés par les mêmes habitudes, ils l'ont traitée comme une question de jurisprudence et de métaphysique. Car, en effet, la théorie des droits de l'homme, qui a été la base de tous leurs travaux en politique générale, n'est autre chose qu'une application de la haute métaphysique à la haute jurisprudence.

Il est inutile de rappeler ici les idées absurdes que cette méthode a engendrées, et les déplorables conséquences pratiques qui en ont résulté. Quelque funestes qu'aient été ces suites de la fausse manière de procéder suivie par les légistes et les métaphysiciens, il serait peu philosophique de leur en faire un reproche, puisque cette manière était la seule qui leur fût propre, et que son vice radical consistait uniquement à n'être point appropriée aux questions qu'ils ont été chargés de traiter.

Toute la faute était donc, en dernière analyse, l'ouvrage des communes qui avaient choisi leurs représentans dans des classes où elles n'auraient pas dû les prendre. Tous les grands désastres de notre révolution auraient été évités, si les industriels, répondant au noble appel du pouvoir royal, s'étaient choisi des chefs parmi eux.

Le simple bon sens dirige mieux que les fausses lumières. Si les communes avaient elles-mêmes traité leurs intérêts, elles ne se seraient point livrées à ces discussions métaphysiques, sur les droits de l'homme ; elles se seraient bornées à suivre leur propre expérience politique. De même qu'elles avaient jadis racheté leur liberté, elles auraient alors racheté des militaires la portion des droits politiques qu'ils continuaient à exercer, et qui pesait sur elles. L'abolition de la féodalité, au lieu de se faire par la violence, se serait opérée en vertu d'un arrangement à l'amiable, et la révolution aurait eu, dès son origine, le caractère d'une réforme paisible.

De plus, elle aurait été bientôt terminée ; car les communes, sachant nettement ce qui leur convenait, et ne se dirigeant que d'après des idées positives, seraient entrées directement dans la route du nouveau système politique, qui se serait ensuite graduellement formé, suivant le cours ordinaire des choses, à mesure que les idées se seraient éclaircies.

Sire, si j'ai cru devoir insister sur l'explication précédente, ce n'est point pour exprimer sur le passé de vains regrets ; c'est parce que la faute commise par les industriels au commencement de la révolution, et qui lui a imprimé une si mauvaise direction, est encore aujourd'hui le principal obstacle à l'établissement d'un ordre de choses stable,

conforme aux intérêts de la royauté et des communes.

Je suis profondément convaincu que Votre Majesté ne saurait rendre à sa dynastie un service plus
essentiel, que d'employer son influence à vaincre
l'inertie politique des industriels, et leur obstination
à confier aux légistes et aux métaphysiciens la conduite de leurs intérêts généraux. D'ailleurs, l'observation sur laquelle cette opinion est fondée,
vraie relativement aux communes, l'est aussi, et
par les mêmes raisons, relativement au pouvoir
royal.

Si, dans l'état politique actuel, les légistes et les
métaphysiciens sont impropres à diriger les intérêts
généraux des communes, ils le sont également, par
cela même, à servir de conseillers à la royauté. Je
me borne ici à indiquer cette réflexion, qui se re-
produira d'elle-même à la fin de cet examen.

Après avoir expliqué la direction que la révolution a prise, je passe à l'observation des principaux résultats qu'elle a produits jusqu'à la restauration.

Ceux auxquels il est le plus nécessaire d'avoir
égard, dans les considérations actuelles, sont, sous
le rapport temporel, l'abolition des priviléges féodaux, la vente des biens de la noblesse et du clergé,
et la naissance d'une nouvelle féodalité; sous le

rapport spirituel, l'établissement solennel du principe de la liberté de conscience.

La Charte accordée par Votre Majesté a consacré ensuite ces différens résultats.

La vente des biens de la noblesse et du clergé fut un acte de violence, en dehors du cours naturel des choses; et la formation d'une féodalité nouvelle fut un résultat de la fausse direction que la révolution avait suivie dès son origine. Mais l'abolition de l'ancienne féodalité et l'établissement de la liberté religieuse n'ont eu nullement ce caractère accidentel. Ces deux effets ont été la conséquence nécessaire de la marche de la société dans tous les siècles antérieurs, depuis l'affranchissement des communes, et l'introduction des sciences positives en Europe par les Arabes.

On ne peut les envisager que comme le complément naturel de la décadence de l'ancien système social, qui s'était opérée par degrés jusqu'alors.

On a souvent remarqué que l'exécution d'une grande entreprise, de quelque nature que ce soit, est presque toujours attribuée en totalité à celui qui y a mis la dernière main, quoiqu'il n'y ait contribué d'ordinaire que pour la plus petite partie. C'est par le même motif que les esprits superficiels rapportent à la révolution française la chute de l'ancien système social. La réflexion la plus simple aurait dû cependant garantir d'une erreur aussi palpable ; qui a été néanmoins la source d'une foule de mauvais raisonnemens, tant de la part des admirateurs de la révolution, que de celle de ses détracteurs. Il suffisait de se demander par quel miracle un édifice dont la construction a exigé plus de six cents ans d'efforts et de travaux de tous genres, a pu être détruit en un instant, si l'on admet, d'un autre côté, qu'il ait subsisté sans altération pendant sept à huit siècles.

L'abolition de la féodalité, opérée par l'assemblée constituante, n'a été que la suppression d'un reste d'autorité politique que les nobles avaient encore conservé, et qui ne consistait que dans quelques droits, presque insignifians en eux-mêmes, quoique fort onéreux pour les communes. C'est depuis Louis-le-Gros jusqu'à Louis XI, et depuis ce monarque jusqu'à Louis XIV, qu'a été réellement effectuée la destruction de la féodalité. Ce que la révolution lui a enlevé, n'est absolument d'aucune importance, auprès de ce qu'elle a perdu dans cet intervalle.

La même réflexion s'applique avec plus d'évidence encore au pouvoir spirituel. La proclamation du principe de la liberté de conscience, qui détruit dans sa racine toute autorité théologique, n'a été que l'expression solennelle de l'état des esprits, long-temps avant la révolution. Cet état résultait lui-même immédiatement de la marche de la civilisation, depuis l'époque où les sciences positives commencèrent à être cultivées dans l'Europe occidentale, et plus particulièrement depuis la découverte de l'imprimerie et la réforme du seizième siècle. Cette marche des choses nécessitait alors aussi inévitablement l'extinction du pouvoir théologique, qu'elle avait jadis nécessité son établissement sous Hildebrand, par l'état moral où la société s'était trouvée dans les quatre ou cinq siècles qui précédèrent le règne de ce pontife.

Ainsi, les effets propres de la révolution ne sont nullement en rapport d'importance avec l'idée qu'on s'en forme communément. Cette époque n'a été que le dernier période de la décadence de l'ancien système social, décadence qui s'opérait depuis cinq à six siècles, et qui était alors presque complète. Le renversement de ce système n'a point été l'effet, encore moins l'objet de la révolution; il en a, au contraire, été la véritable cause. Le but réel de la révolution, celui que la marche de la civilisation lui a assigné, était la formation d'un nouveau système politique. C'est parce que ce but n'a pas été atteint, que la révolution n'est point encore terminée.

L'état de désordre moral et politique dans lequel la France et les autres pays occidentaux de l'Europe sont aujourd'hui plongés tient uniquement à ce que l'ancien système social est détruit sans que le nouveau soit encore formé. Cette crise ne cessera et l'ordre ne s'établira sur des bases solides que lorsque l'organisation du nouveau système sera commencée et en pleine activité. Voilà ce que démontre de la manière la plus évidente l'observation approfondie de la marche de la civilisation, suivie sans interruption, depuis l'affranchissement des communes et l'introduction des sciences positives en Europe par les Arabes, jusqu'à nos jours.

Tel était donc l'état des choses, à l'époque du retour de Votre Majesté, et cet état n'a point changé depuis. Il existait dans la société deux sortes de force d'une nature opposée.

Les unes, caduques, impuissantes, bien loin de pouvoir servir d'appui, étaient incapables de se soutenir plus long-temps par elles-mêmes : c'étaient celles de l'ancienne féodalité, avec laquelle le clergé faisait cause commune, et celles de la féodalité nouvelle. (1)

----

(1) Je n'hésite pas à mettre au nombre des forces caduques, celles de la nouvelle féodalité, malgré sa création toute récente.

Il est en effet évident que, dans l'état actuel de la civilisation, la formation d'une féodalité étant absolument opposée à la marche des choses, ne peut avoir aucun effet durable. Les efforts de Bonaparte pour reconstituer, au

Les autres, au contraire, viriles, toutes puissantes, composaient les véritables forces constituantes, au temporel et au spirituel : elles résidaient dans les industriels, d'une part; dans les savans et les artistes, de l'autre.

D'après ces données, le plan de conduite politique que devaient se former les ministres de Votre Majesté, se présentait de lui-même. Il consistait à abandonner à leur destinée (en indemnisant les individus) des classes que la marche des choses avait condamnées à la mort politique, et à mettre en activité les forces devenues prépondérantes.

Au lieu de cela, qu'a fait le ministère ?

Il a considéré les deux noblesses comme les

---

dix-neuvième siècle, une féodalité militaire, sur le même plan que celle de Clovis, sont, sous le rapport temporel, ce qu'étaient, sous le rapport spirituel, les efforts de l'empereur Julien pour redonner de la force au paganisme, à une époque où la prédication du christianisme était en pleine activité : ils ne sauraient obtenir plus de succès.

Toute production contre nature ne peut avoir qu'une existence momentanée : telle a été celle de la république romaine en France, sous nos démagogues; telle sera celle de la féodalité de Bonaparte, création également accidentelle de la révolution. Cette féodalité se serait déjà éteinte d'elle-même, si la royauté, au lieu de la ménager, s'était choisi des appuis plus solides dans une liaison franche et intime avec les communes.

classes que la royauté devait chercher à s'attacher
principalement, en ayant seulement le soin de balancer entre elles la protection royale, de manière
à ce qu'aucune des deux ne pût se regarder ni
comme exclue, ni comme préférée. (1)

Ce plan étoit absolument vicieux, pour deux raisons principales : l'une, qu'il donnait pour appui
à la royauté, des forces qui n'avaient aucune puissance réelle, qui tiraient du pouvoir royal toute leur
existence factice, et qui, par conséquent, étaient
pour lui de véritables charges, bien loin d'être des
soutiens ; l'autre, qu'en faisant supporter aux communes les deux féodalités, il établissait nécessairement un système d'administration très onéreux,
dont les frais devaient s'accroître continuellement,
et qui tendait à attirer au pouvoir royal la désaf-
fection des communes.

Ainsi, ce plan de conduite ôtait du pouvoir et
de l'argent aux véritables amis de la royauté, pour
en donner à ses véritables ennemis.

(1) Ce système de balancement, qui a été, comme de raison, très critiqué par les deux parties intéressées, était
certainement préférable, tant pour la royauté que pour
les communes, à la combinaison absolue et exclusive avec
l'une quelconque des deux noblesses. En adoptant le plan
radicalement vicieux d'appuyer le trône sur des intérêts
autres que ceux des communes, ce système était le seul
moyen de le soutenir pendant quelque temps.

Une erreur quelconque a toujours un motif, qui n'est le plus souvent, ni dans les mauvaises intentions, ni même dans l'incapacité, mais, pour l'ordinaire, dans le manque de connaissance des faits qui doivent servir de base au raisonnement, ou dans le mauvais choix de ces faits. Telle a été, j'ose le présumer, la cause qui a conduit les ministres de Votre Majesté à adopter un système aussi vicieux.

Quatre erreurs de fait me paraissent avoir été le principe de leurs erreurs théoriques.

En premier lieu, je ne doute pas que le ministère n'ait cru sincèrement que les deux noblesses étaient les classes prépondérantes de l'état, celles qui avaient le plus de force politique. Rien n'était plus naturel que cette persuasion, quelque mal fondée qu'elle fût. L'étude approfondie de la marche de la civilisation, depuis cinq à six siècles, eût été le seul moyen de se garantir de cette illusion politique : or, jusque ici très-peu d'hommes d'état et de publicistes ont senti la nécessité de cette étude. Sans elle néanmoins, comment ne pas se méprendre sur le véritable état de la société? Toutes les circonstances qui peuvent le masquer, sont aujourd'hui cumulées. Car, d'un côté, les deux noblesses et leurs clientelles forment deux partis organisés, très-actifs, et dans lesquels se trouvent enrégimentés, comme agens principaux de l'un et de l'autre,

5

presque tous les légistes, c'est-à-dire presque tous
ceux qui parlent et écrivent aujourd'hui sur les
affaires politiques : comment n'en résulterait-il pas,
pour ces partis, une apparence imposante de force?

D'un autre côté, ni les industriels, ni même les
savans, ne sont organisés sous le rapport politique; ils n'ont aucune activité pour leurs intérêts
généraux; ils ne s'en occupent point, si ce n'est
pour se plaindre quand ils se trouvent trop foulés,
sans remonter jamais à la source du mal, afin d'en
découvrir le remède : ils n'ont point de brillans et
bruyans avocats ; leurs représentans dans les chambres y sont en très-petite minorité, et n'y forment,
d'ailleurs, aucun parti distinct. Il est tout-à-fait impossible, avec ces deux causes générales d'erreurs,
de ne pas se tromper sur la force réelle des deux
féodalités comparée à celle des communes.

Quand on n'a point contracté l'habitude de fonder tous les raisonnemens politiques sur la série de
faits historiques, qui constate la marche de la civilisation depuis l'affranchissement des communes,
on tombe nécessairement dans l'erreur.

En second lieu, les ministres de Votre Majesté
ont cru, sans doute, pouvoir compter comme un
très - puissant appui l'influence du clergé. C'est
encore une illusion dont il est très-facile d'assigner
la cause.

Les idées morales ont été jusqu'à présent fondées sur les doctrines du clergé ; les savans n'ont point encore exécuté, ni même commencé, la formation d'un système de morale positive, qui, sans rejeter le secours énergique et bienfaisant des hautes croyances religieuses, en soit néanmoins indépendant. Par un sentiment confus de cet état des choses, les esprits les plus forts du dernier siècle, tels que Montesquieu et Rousseau, ont blâmé avec vigueur la témérité aveugle et irréfléchie avec laquelle des philosophes superficiels ont attaqué et livré au ridicule les idées religieuses, bases de la morale.

Cette sage disposition est aujourd'hui devenue très-commune, d'abord parmi les savans, et ensuite chez les industriels, parce que l'expérience a fait sentir de plus en plus profondément le besoin d'idées morales, et, par conséquent, de bases pour les soutenir.

La génération actuelle a fait disparaître de nos livres et de notre société ce ton de frivolité et de plaisanterie sur les croyances religieuses, dont la génération précédente faisait parade ; il est aujourd'hui presque universellement désapprouvé, et, même dans les salons de nos oisifs, il est réputé de mauvais goût. Il a été remplacé par un sentiment général de respect pour les idées religieuses, fondé sur la conviction de leur nécessité présente. On peut aisément prendre ce sentiment pour une croyance réelle, ou, au moins, pour une disposition qui permet de rétablir les croyances dans leur ancien empire, quand on n'observe pas avec l'attention la plus scrupuleuse, et quand on n'a point familiarisé son esprit avec la marche que l'esprit humain a suivie depuis l'introduction des sciences positives en Europe, par les Arabes.

Mais pour ceux auxquels cette marche est familière, il n'est pas douteux, malgré le fait que je viens d'analyser, que les doctrines du clergé ont perdu toute leur force, qu'elles ne peuvent plus être un appui réel pour le pouvoir royal, et que même elles ne continuent à servir de bases à la morale, que parce qu'elle n'a point encore été établie par les savans sur ses nouvelles bases.

Or, ce dernier état de choses doit être nécessairement très-passager; et, quand il aura disparu, toute l'influence que le clergé possède encore se dissipera pour jamais.

En troisième lieu, le ministère de Votre Majesté a pensé, vraisemblablement, que l'ancienne noblesse était très-attachée à la royauté, et que la nouvelle le deviendrait bientôt par les bienfaits du Roi.

Sans doute il ne s'est point trompé, relativement à beaucoup d'hommes d'un caractère honorable qui se trouvent dans l'une et dans l'autre classe, et sur lesquels la vénération d'une part, ou la reconnaissance de l'autre, ont assez d'empire pour dominer les intérêts personnels. Mais ce n'est point ainsi qu'on peut juger les masses. L'expérience a suffisamment prouvé que l'ancienne noblesse, en général, se proposait pour but le rétablissement de ses priviléges et de ses richesses, et, s'il se peut même, du régime où le roi n'était que *primus inter pares* ; qu'enfin elle ne regardait la protection royale que comme un moyen d'atteindre ce but, à l'accomplissement duquel était subordonné son attachement, et même son obéissance. Tout absurde qu'il est, ce projet n'en existe pas moins.

Quant à la noblesse de Bonaparte, elle regarde, en général, les bienfaits du roi comme des devoirs ; elle voit de très-mauvais œil la concurrence de l'ancienne noblesse ; elle considère les places comme sa propriété naturelle et légitime, et elle ne se regardera comme assurée de la possession de ses titres et de ses richesses, que lorsqu'elle aura placé sur le trône un roi de sa façon. C'est un fait dont tous les observateurs sensés et impartiaux sont aujourd'hui convaincus, quoique tous ne le proclament pas.

Enfin, le ministère craint peut-être que les communes ne soient peu attachées à la royauté en général, et à la maison de Bourbon en particulier. Cette crainte est entièrement chimérique. Les industriels et les savans sentent profondément le besoin de la royauté, et de la royauté entre les mains des Bourbons, pour le maintien de la paix et de l'ordre, dont ils sont, par leur position sociale, les amis les plus intéressés. Ils aiment la maison de Bourbon; ils se rappellent tous les services qu'elle a rendus à la cause des communes depuis l'affranchissement, et ils espèrent avec confiance qu'elle n'abandonnera point cette cause. Ils ont en horreur le despotisme de Bonaparte et de ses adhérens, dont ils ont porté tout le fardeau; ils sentent que l'arbitraire se rajeunit, et acquiert de la force, au lieu d'en perdre, quand le pouvoir passe dans de nouvelles mains; en un mot, ils sont les soutiens naturels du trône de Votre Majesté.

Il résulte, Sire, de l'examen précédent, que le plan politique suivi par le ministère de Votre Majesté, depuis la restauration, non-seulement est vicieux en lui-même, mais qu'aucun des motifs qui peuvent avoir conduit à l'adopter, n'est réellement fondé. Le ministère doit donc abandonner ce plan, et alors il ne reste à choisir qu'entre ces deux moyens :

Se liguer étroitement avec l'une des deux noblesses, en sacrifiant l'autre;

Ou bien, s'unir franchement avec les communes, en abandonnant les deux noblesses.

Je crois avoir démontré, Sire, qu'aucune des deux noblesses ne peut être un appui réel pour le trône de Votre Majesté. Il est également incontestable à mes yeux, que le vœu des communes de voir terminer la révolution par l'établissement d'un nouveau système politique, fondé sur l'industrie, comme nouvel élément temporel, et sur les sciences d'observation comme nouvel élément spirituel ; que ce vœu, dis-je, finira nécessairement par prévaloir contre tous les obstacles et contre les efforts de tous les partis, puisqu'il est le résultat final de tous les progrès que la civilisation a faits depuis six cents ans, et même, on peut le dire, depuis son origine.

Ainsi, pour choisir un plan de conduite durable, il ne saurait y avoir à balancer un seul instant entre les deux que je viens d'indiquer. Le premier ne pourrait prétendre tout au plus qu'à un succès momentané, d'une très-courte durée ; tandis qu'il est facile de faire voir qu'une ligue franche avec les communes, mise en activité le plus promptement possible, est tout à la fois le moyen le plus simple, le plus sûr et le plus immédiat, d'asseoir sur des bases solides le trône de Votre Majesté.

Il suffit, pour cela, de comparer ce qui doit vraisemblablement arriver dans les deux suppositions que j'ai mises en regard.

Si les ministres s'appuyaient exclusivement sur l'une des deux noblesses, et par conséquent sacrifiaient les communes à son avidité, il arriverait, selon toutes les probabilités,

Si c'était sur l'ancienne noblesse : que la nouvelle, déçue de ses prétentions, s'efforcerait ouvertement et de tout son pouvoir, de renverser le trône de Votre Majesté; et peut-être y parviendrait-elle, parce que les communes, qui seules pourraient l'empêcher, s'y opposeraient faiblement dans cette hypothèse.

Si, au contraire, le ministère prenait pour appui exclusif la nouvelle noblesse, il est vraisemblable qu'elle en profiterait pour agir plus sûrement contre votre auguste dynastie.

Le système de balancement, dont je crois néanmoins avoir montré le vice radical, serait sans doute préférable à l'un ou à l'autre de ces deux partis.

Mais si Votre Majesté, abandonnant les deux noblesses à leur inévitable destinée, se liguait avec ses fidèles communes, la stabilité de son trône serait assurée pour jamais, puisque la résistance purement passive des communes préviendrait jusque aux moindres tentatives des deux féodalités impuissantes.

A la vérité, Votre Majesté devrait s'attendre à voir diminuer sa liste civile, ainsi que le pouvoir de son ministère et de ses agens, par la suppres-

sion d'un grand nombre de dépenses et de fonctions inutiles aux communes, et onéreuses pour
elles. En un mot, la royauté perdrait ce qui reste
encore du caractère féodal, pour prendre le caractère communal. Mais la certitude d'en jouir avec
une parfaite tranquillité, d'en transmettre à son
auguste dynastie une possession désormais à l'abri
de toute contestation de la part des ambitieux ; la
gloire de devenir, en provoquant la formation du
nouveau système politique, le législateur et le bien-
faiteur éternel de la France, et de toutes les nations civilisées ; tous ces motifs, dis-je, compen-
seraient sans doute plus que suffisamment, aux
yeux de Votre Majesté, une diminution d'autorité
qui ne peut blesser qu'autant qu'elle est relative,
ou qu'elle est arrachée par la violence.

D'ailleurs, il ne s'agit point, au fond, de suivre
une route entièrement nouvelle ; il s'agit seulement
de revenir à la marche adoptée par les plus illustres
ancêtres de Votre Majesté, qui se sont toujours ligués avec les communes, et de suivre, en particulier, la ligne tracée par son auguste frère, quand
il a appelé les communes à une double représentation dans les états-généraux.

SIRE,

Supprimer les deux noblesses, composer le corps
électoral d'industriels, et diriger par des prix les

travaux des savans sur les questions politiques fondamentales; tels s raient, sans doute, les moyens décicifs de commencer une ligue indissoluble avec les communes.

Le plus grand obstacle que Votre Majesté aurait à vaincre, dans ce système de conduite, le seul même, serait l'apathie politique des industriels, la défiance excessive qu'ils ont de leurs lumières et de leur capacité en politique, leur confiance démesurée dans les légistes et les métaphysiciens. Mais la sage persévérance de Votre Majesté, et l'action des savans stimulée par elle, auraient bientôt surmonté cette difficulté; et, en donnant aux industriels un juste sentiment de leur dignité et de leur valeur politique, leur auraient bientôt imprimé cette impulsion d'activité, seule condition qui leur manque pour s'élever au rôle que la marche de la civilisation leur assigne impérieusement aujourd'hui.

Telles sont, Sire, exprimées avec franchise et loyauté, les réflexions que le désir de voir consolider la royauté dans votre auguste dynastie, a inspirées

A votre très-fidèle sujet.

~~~~~~

AU ROI,

ET A MESSIEURS LES AGRICULTEURS, NÉGOCIANS, MANUFACTURIERS ET AUTRES INDUSTRIELS QUI SONT MEMBRES DE LA CHAMBRE DES DÉPUTÉS,

SUR LES MESURES A PRENDRE POUR TERMINER LA RÉVOLUTION.

SIRE et MESSIEURS,

Il n'existe qu'un seul moyen de terminer la révolution : ce moyen consiste à établir l'administration des affaires publiques la plus favorable à la culture, au commerce et à la fabrication.

Or, le moyen le plus certain pour rendre l'administration des affaires publiques la plus favorable possible à la culture, au commerce et à la fabrication, consiste évidemment à placer la direction des affaires générales dans les mains des cultivateurs, des négocians et des manufacturiers les plus capables.

Les mesures qui investiront les industriels des plus grands pouvoirs politiques, seront donc les plus propres à terminer la révolution.

Les mesures que je vais soumettre à Votre Majesté ainsi qu'à vous, Messieurs, me paraissent les plus certaines pour investir les industriels de la direction générale de l'administration publique : je les crois, pour cette raison, les meilleures à employer pour terminer la révolution.

Mesures à prendre pour terminer la révolution.

Il sera arrêté par les autorités compétentes ce qui suit :

Article Ier. Le ministère des finances ne pourra être occupé que par un citoyen qui aura été industriel de profession pendant dix années consécutives.

Art. II. Il sera établi un conseil d'industriels (qui portera le titre de chambre de l'industrie) : ce conseil sera attaché au ministère des finances, et il sera composé de vingt-cinq personnes.

Le ministre des finances sera membre de cette chambre, et il en sera président.

Cette chambre sera composée d'abord des quatre cultivateurs dont les cultures sont les plus importantes ; des deux négocians faisant le plus d'affaires ; des deux fabricans employant le plus d'ouvriers ; et des quatre banquiers jouissant du plus grand crédit.

Cette première moitié de la chambre procédera à la nomination de douze autres membres, pris parmi les industriels, dans la proportion suivante ;

savoir : six cultivateurs, deux négocians, deux manufacturiers et deux banquiers.

Art. III. La chambre de l'industrie s'assemblera une fois par an, d'après l'invitation du ministre des finances.

Le ministre des finances soumettra à cette chambre le projet de budget qu'il aura conçu.

Cette chambre discutera le budget qui sera soumis, par le ministre, à son examen, et elle arrêtera ce projet, après y avoir fait des changemens, si elle le juge convenable.

Tous les ministres auront le droit d'assister aux séances de cette chambre, et ils pourront prendre part aux discussions ; mais ils n'auront pas voix délibérative.

Art. IV. Le premier article du budget des dépenses aura pour objet d'assurer l'existence des prolétaires, en procurant du travail aux valides, et des secours aux invalides.

Art. V. Le ministère de l'intérieur ne pourra être occupé que par un citoyen qui ait été industriel de profession pendant six années consécutives.

Art. VI. Il sera établi un conseil attaché au ministère de l'intérieur; le ministre sera membre et président de ce conseil.

Ce conseil sera composé de vingt - cinq membres; savoir, 1°. de sept agriculteurs, trois négocians et trois fabricans; 2°. de deux physiciens, trois chimistes et trois physiologistes, tous membres de l'Académie des Sciences, et de trois ingénieurs des ponts et chaussées.

Les membres de ce conseil, le ministre seul excepté, seront nommés par la chambre de l'industrie.

Art. VII. Le conseil attaché au ministère de l'intérieur se réunira deux fois par an, d'après l'invitation du ministre.

Ce conseil s'assemblera une première fois pour discuter et arrêter le projet de budget du ministère de l'intérieur.

Il s'assemblera une seconde fois pour arrêter l'emploi des sommes qui auront été accordées au ministère de l'intérieur par le budget général.

Art. VIII. Le ministère de la marine ne pourra être occupé que par un citoyen qui ait été domicilié dans un port de mer pendant vingt ans, et à la tête d'une maison de commerce faisant des armemens au moins depuis dix années.

Art. IX. Il sera établi un conseil maritime.

Ce conseil sera composé de treize membres; savoir : un député de Dunkerque, deux du Havre, un de Saint-Malo, deux de Nantes, un de La Rochelle, deux de Bordeaux, un de Baïonne, deux de Marseille (1), et le ministre, qui sera président de ce conseil.

Les armateurs de chacune des places désignées ci-dessus, nommeront les députés chargés de soutenir leurs intérêts.

Le conseil maritime s'assemblera deux fois par an, d'après l'invitation du ministre de la marine.

A sa première réunion, il arrêtera le projet du budget de la marine; à la seconde, il arrêtera l'emploi des sommes qui auront été accordées au département de la marine par le budget général.

SIRE et MESSIEURS,

Je supplie Votre Majesté, je vous prie, Messieurs, d'examiner les mesures que je propose, d'abord sous ce seul rapport :

Est-il vrai, est-il clair, est-il évident, qu'un ordre de choses politiques stable commencerait à s'établir, si ces mesures étaient adoptées ?

Je suppose Votre Majesté, je vous suppose, Messieurs, entièrement convaincus à cet égard, et je passe à la discussion de cette seconde question.

Quel est le caractère de ces mesures ? par qui peuvent-elles être prises ?

---

(1) Cette désignation des ports qui auraient le droit de nommer des membres du conseil maritime, ne doit être considérée que comme une indication.

SIRE et MESSIEURS,

Ces mesures peuvent être considérées comme des dispositions constitutionnelles ; et sous ce rapport elles ne pourraient être prises que par une autorité investie de pouvoirs *ad hoc*.

Mais ces mesures peuvent aussi être envisagées comme étant l'objet de lois réglémentaires ; alors le concours des trois pouvoirs dirigeans suffirait pour les mettre en vigueur ;

Enfin, ces mesures peuvent être classées parmi les arrêtés administratifs ; et dans ce cas, une ordonnance suffit pour les mettre en action.

En disant que ces mesures peuvent être considérées comme des dispositions constitutionnelles, je me fonde sur ce fait incontestable.

La Charte n'a stipulé aucune mesure aussi importante que celles que je propose : ainsi ces mesures sont constitutionnelles, ainsi ces mesures sont encore plus constitutionnelles que la Charte.

Ces mesures peuvent encore être envisagées comme l'objet de lois réglémentaires, car elles ne sont en opposition avec aucun des articles de la Charte.

Enfin, une ordonnance suffit pour mettre ces mesures en vigueur ; car le pouvoir administratif appartient exclusivement à la royauté, et ces mesures ne sont, dans la réalité, que des dispositions réglémentaires qui fixent le mode d'administration.

Je passe à l'examen d'une troisième et dernière question.

Par qui ces mesures doivent-elles être prises ?

Et je demande d'abord, *si c'est par une assemblée choisie expressément pour cet objet que les mesures doivent être adoptées ?*

Je ne le pense pas, par beaucoup de raisons, dont il est inutile que je parle, attendu que ce mode d'admission exigerait beaucoup de temps, et qu'il aurait par conséquent de grands inconvéniens, puisqu'il prolongerait les dangers de la maison de Bourbon et les souffrances des industriels.

Sera-ce par un acte du parlement que ces mesures seront mises en vigueur ?

Ce mode d'admission est tout-à-fait impraticable dans l'état actuel des choses, car la majorité des chambres est composée d'hommes qui ne sont pas industriels, qui sont très inférieurs aux industriels en capacité administrative, et qui, cependant, conservent la persuasion que ce sont eux qui doivent administrer les affaires publiques, de manière que le projet de loi, à cet égard, que le Roi présenterait aux chambres, serait nécessairement rejeté.

C'est une ordonnance qui doit réaliser ce projet.

6

La seule volonté du roi suffit pour rendre cette ordonnance; le roi peut rendre cette ordonnance immédiatement; et, d'un autre côté, si le roi, mal conseillé par ses alentours, hésitait à prendre ce parti, les industriels pourraient, par des démarches légales, faciliter à Sa Majesté les moyens de secouer le joug qui lui a été imposé par le clergé, par les deux noblesses, par l'ordre judiciaire et par ses courtisans.

Le point important est que la royauté et l'industrie se trouvent en contact immédiat, et on peut regarder comme à peu près indifférent que les premiers pas, pour opérer ce rapprochement, soient faits par l'une ou par l'autre de ces deux puissances.

SIRE,

Depuis votre rentrée en France, Votre Majesté n'a pas eu un seul moment de tranquillité, ni de satisfaction politique. Elle a toujours eu à combattre une faction puissante, qui se propose pour but de placer sur le trône un roi de sa façon, afin de s'assurer la jouissance de toutes les places qui sont à la nomination de la couronne, et Votre Majesté n'a pas trouvé dans la nation un appui suffisant pour en imposer à ces factieux.

Voilà, Sire, une première vérité malheureusement incontestable. En voici une seconde qu'il ne faut pas se dissimuler :

C'est que la véritable cause de vos chagrins a été le mauvais usage que les ministres de Votre Majesté ont fait du pouvoir royal.

Les courtisans cherchent à vous persuader que l'opinion politique du gouvernement est la bonne, et que, si les choses ne vont pas bien, les fautes et les erreurs commises par la nation en sont la véritable cause.

Cette manière d'envisager les choses est fausse, et elle est funeste pour Votre Majesté.

La nation a accepté la Charte que vous avez faite; elle a consenti que vous exerçassiez le pouvoir de législateur suprême : il est par conséquent certain que Votre Majesté a eu et qu'elle a tous les moyens d'établir un ordre de choses stable, et que si un bon ordre de choses n'existe pas, c'est parce que la combinaison qui a été faite par le ministère est vicieuse.

Il me paraît utile d'établir cette vérité, et de rappeler Votre Majesté au noble sentiment d'après lequel les difficultés sont vues comme étant en dedans et point en dehors; mais mon intention n'est pas de faire de cette vérité une arme offensive pour critiquer les ministres de Votre Majesté.

Sire, il est incontestable que c'est par la raison que les ministres de Votre Majesté n'ont pas usé convenablement du pouvoir royal, que la tranquillité n'est pas encore rétablie sur des bases solides.

Mais il n'est pas moins certain que, pour rétablir la tranquillité à une époque où elle a été trou-
blée par un effet direct du progrès des lumières
et de la marche de la civilisation qui avait nécessité une réforme de l'organisation sociale, il était
nécessaire de se faire une idée claire de l'ordre de
choses à constituer;

Et il est également sûr que la conception du
nouvel ordre de choses à établir pour organiser
convenablement la société, c'est-à-dire pour l'organiser d'une manière proportionnée à l'état de
ses lumières acquises, ne pouvait pas se former
dans la tête des ministres, par la raison simple
qu'un homme ne peut pas s'occuper fructueuse-
ment de deux choses importantes dans le même
moment, et que le travail nécessaire pour la conduite des affaires journalières occupant et devant
occuper tous les membres du gouvernement, ils
n'ont point la possibilité de s'élever aux vues générales qui doivent fixer l'attention du législateur
constituant.

Sire, il résulte, de ce que je viens de dire, une
réflexion très importante et très utile, c'est que
les reproches qui sont faits à votre ministère ne
sont pas fondés en raison, au moins sous le rapport principal. Il en résulte aussi que votre ministère a les moyens de fermer la bouche aux écrivains
qui s'acharnent à critiquer sa marche, en leur disant:

Nos occupations ayant pour objet principal et spécial de pourvoir aux besoins politiques journaliers de la société, nous ne pouvons pas nous placer au point de vue le plus général pour envisager les choses ; mais vous, Messieurs, dont l'esprit jouit d'une entière liberté, méditez sur la marche de la civilisation, et quand vous aurez conçu clairement le système d'organisation qui convient à la société dans l'état présent de ses lumières, quand vous aurez acquis sur ce sujet des idées positives, vous verrez que nous nous empresserons d'utiliser vos découvertes.

Il y avait donc une condition préliminaire qui devait être remplie avant que le gouvernement pût se diriger vers un but fixe, avant qu'il pût adopter une allure franche, une marche ferme ; et cette condition, comme je viens de le dire, ne pouvait pas être remplie par les ministres.

Il fallait que le moyen de terminer la révolution fût clairement connu, qu'il fût conçu d'une manière assez nette pour pouvoir être mis à la portée des esprits les plus ordinaires.

Ce moyen n'avait pas été découvert ; c'est ce qui fait que la révolution a duré jusqu'à présent : maintenant qu'il est trouvé, le gouvernement peut marcher directement et d'un pas assuré vers l'établissement d'un ordre de choses politiques stable.

Sire, ce qui a causé la révolution, c'est que la

nation a reconnu que l'impôt qu'on lui faisait payer était trop considérable, et qu'il était mal employé; ou, en d'autres termes, c'est parce qu'elle a acquis la conviction que ses affaires générales étaient mal administrées.

Ce qui fait que la révolution a duré jusqu'à présent, c'est que la nation n'a point été satisfaite des différens modes d'administration qui ont été essayés depuis qu'elle a renversé son ancien gouvernement.

Le moyen de terminer la révolution consiste à placer l'administration des affaires publiques dans les mains des cultivateurs, des négocians et des manufacturiers, parce que les industriels sont les administrateurs les plus capables, et surtout les plus économes.

Il est facile de placer l'administration dans les mains des cultivateurs, des négocians et des manufacturiers; j'en ai indiqué les moyens : ainsi la route que doivent suivre les ministres de Votre Majesté est toute tracée, et il dépend entièrement de leur volonté de faire cesser immédiatement les dangers auxquels votre auguste maison se trouve exposée, ainsi que les maux qui affligent la nation.

Sire, toute la politique positive est renfermée dans la loi des finances : c'est parce que la loi des finances a fait jusqu'à ce jour une part annuelle de deux ou trois cents millions aux intrigans, qu'il

existe des factions. Que la loi des finances soit bien
faite, c'est-à-dire qu'elle soit conçue dans l'intérêt
des industriels, au lieu de l'être dans l'intérêt des
ambitieux, et les dangers qui menacent le trône
cesseront à l'instant, parce que les factions seront
dissipées. Or, les seuls hommes capables de former
la loi des finances dans un tel esprit sont les industriels. Que Votre Majesté consulte donc les industriels importans et instruits qui se trouvent dans
la Chambre des Députés, les Delessert, les Lafitte,
les Ternaux, les Perrier, les Bastarrèche, les Beauséjour, etc., ils auront bientôt indiqué à Votre Majesté les véritables moyens de rétablir le calme.

Ce rapprochement entre Votre Majesté et les industriels est d'autant plus facile aujourd'hui, qu'il
a été déjà fait un grand pas dans cette direction,
par la loi qui a appelé les patentés à l'électorat.
C'est un service que la France doit à M. Decazes,
et qu'elle n'oubliera jamais.

C'est le désir pur et sincère du bonheur de mes
compatriotes, c'est aussi le désir de voir Votre Majesté acquérir toute la gloire que le siècle comporte, qui m'ont porté à ce langage d'une extrême
franchise.

MESSIEURS,

Je suppose que chacune des idées que je vais
vous rappeler est admise par vous comme une

vérité incontestable; c'est-à-dire, je vous suppose entièrement convaincus :

1°. Que le seul moyen de terminer la révolution consiste à établir l'administration des affaires publiques la plus favorable à la culture, au commerce et à la fabrication;

2°. Que le moyen le plus certain pour rendre l'administration des affaires publiques la plus favorable possible à la culture, au commerce et à la fabrication, consiste à placer la direction de cette administration dans les mains des cultivateurs, des négocians et des manufacturiers;

3°. Qu'au moyen des mesures que je propose, les cultivateurs, les négocians et les manufacturiers exerceraient sur l'administration des affaires publiques une influence suffisante pour assurer la prospérité de la culture, du commerce et de la fabrication;

4°. Que le Roi peut, avec de simples ordonnances, mettre à exécution le plan politique que je propose, et que les ordonnances par lesquelles il mettrait ces mesures en activité seraient accueillies avec enthousiasme par tous les Français occupés de travaux d'une utilité positive;

5°. Que le nombre des Français occupés de travaux de culture, de commerce ou de fabrication, étant de plus de vingt-cinq millions d'individus, il est évident que si cette classe de citoyens demandait au Roi, dans une forme légale, d'adopter les mesures que je propose, cette demande serait favorablement accueillie par Sa Majesté : d'abord, parce que cette demande serait juste; ensuite, parce qu'elle serait conforme aux véritables intérêts de la maison de Bourbon; et, enfin, parce qu'elle serait l'expression claire du vœu de la très grande majorité de la nation.

Messieurs, si, comme je le suppose, vous êtes entièrement convaincus de la justesse des cinq idées que je viens de remettre sous vos yeux, il ne me reste qu'une chose à vous dire.

Ce qui me reste à vous dire, Messieurs, c'est que c'est vous qui êtes appelés à déterminer la manifestation du vœu politique des industriels, puisque vos concitoyens vous ont investis de toute leur confiance, relativement à leurs affaires générales, en vous nommant membres de la Chambre des Députés.

Envoyez une circulaire à tous les Français entrepreneurs de travaux industriels; invitez-les, par cette lettre, à signer une pétition adressée au Roi, et à demander à Sa Majesté, par cette pétition, d'adopter les mesures que je vous propose; invitez-les, en même temps, à lui déclarer formellement qu'il peut compter sur l'entier dévouement de ceux de ses sujets qui sont industriels, aux intérêts politiques de la maison de Bourbon.

Engagez, par cette circulaire, les chefs de travaux industriels à faire signer cette pétition par
toutes les personnes qu'ils emploient.

Quand vous aurez reçu cette pétition (qui sera
indubitablement signée par la presque totalité des
Français occupés par profession de travaux relatifs
à la culture, au commerce et à la fabrication), sup-
pliez le Roi de vous accorder une audience.

Quand vous présenterez cette pétition à Sa Majesté, soyez pénétrés du sentiment de confiance
qui doit vous accompagner dans cette honorable
démarche; rappelez-vous, en parlant au Roi, que
LA VOIX DU PEUPLE EST LA VOIX DE DIEU.

Et, ce faisant, Messieurs, vous ferez cesser subitement les dangers qui menacent la maison de
Bourbon, et les maux qui accablent la nation
française.

Messieurs, vous êtes dans la chambre environ
quarante cultivateurs, négocians ou manufacturiers de profession. Il est certainement désirable
que la circulaire que je vous invite à envoyer à
tous les Français entrepreneurs de travaux industriels, soit signée par vous tous; mais il ne faut pas
vous persuader que le succès de cette opération
nécessite cet accord parfait : elle réussirait, quand
bien même il se trouverait parmi vous des dissi-
dens; elle réussirait, quand elle ne serait appuyée
que par la moitié de vous.

Ainsi, Messieurs, en dernière analyse, la tranquillité présente et future de la maison de Bourbon, celle de la nation française, et même de tous les peuples éclairés, dépend de quelques industriels.

Le pouvoir des industriels sur la société est devenu entièrement prépondérant : leur volonté dans cette importante occasion sera-t-elle proportionnée à leur pouvoir ?

SIRE et MESSIEURS,

Les circonstances politiques deviennent pressantes ; tous les peuples manifestent la volonté d'obtenir une prompte amélioration de leur existence politique ; une grande révolution vient de s'opérer en Espagne, et les Napolitains n'ont pas tardé à suivre l'exemple des Espagnols.

L'amour - propre national ne permettra pas aux Français de rester long-temps dans la situation politique où ils se trouvent. Hâtez-vous de concevoir pour eux un plan de conduite sage ; car si vous ne leur indiquez pas la bonne route, ils en prendront inévitablement une mauvaise. Leur parti est pris, ils veulent marcher, et c'est en avant qu'ils veulent se porter.

SIRE et MESSIEURS,

Pour éviter les malheurs qui arriveraient indubitablement si le grand mouvement moral, devenu inévitable, se trouvait dirigé par des jacobins, ou par des bonapartistes;

Pour éviter l'inconvénient de faire la besogne en deux fois, ce qui deviendrait nécessaire dans le cas où le mouvement d'opinion serait dirigé par des militaires ou par des légistes,

Il faut présenter à la nation des vues nettes sur les moyens d'assurer la prospérité de la culture, du commerce et de la fabrication;

Il faut prendre des mesures pour assurer du travail à la classe nombreuse pour laquelle le travail des mains est le seul moyen d'existence.

SIRE et MESSIEURS,

Il en est temps encore, vous pouvez garantir votre patrie des maux dont elle est menacée; mais il n'y a pas un moment à perdre : l'union franche de la puissance royale et de la puissance industrielle peuvent dissiper, comme par enchantement, l'orage épouvantable qui s'amoncelle sur nos têtes; mais, pour opérer cette espèce de miracle, cette alliance doit se former sans le moindre retard.

Il n'est point indispensable, pour commencer à mettre cette alliance en activité, d'adopter sur-le-champ toutes les mesures que j'ai proposées; il suffit de mettre à exécution les suivantes :

Que le projet du budget pour l'année 1821 soit

conçu par un ministre des finances pris dans la classe des industriels de profession ;

Que ce projet soit discuté et amendé par un conseil composé des cultivateurs, des négocians et des fabricans les plus riches et les plus capables ;

Que le premier article de ce budget, pour la partie des dépenses, ait pour objet d'assurer la subsistance des non-propriétaires, en procurant du travail aux valides, et des secours aux invalides ;

Et la maison de Bourbon, ainsi que la nation française, n'auront plus rien à redouter,

Ni des doctrines des jacobins,

Ni des complots des bonapartistes,

Ni des intrigues des noblesses et du clergé, tant nationaux qu'étrangers.

FIN DE LA PREMIÈRE CORRESPONDANCE.

DEUXIÈME
CORRESPONDANCE
AVEC
MESSIEURS LES INDUSTRIELS.

AVERTISSEMENT.

CETTE seconde Correspondance a pour objet d'appuyer par de nouvelles preuves et par des considérations plus approfondies, l'opinion que j'ai émise dans la première sur les mesures à prendre pour terminer la révolution. Elle est adressée partie au Roi et partie aux industriels. Elle tend directement à rétablir entre la puissance royale et la puissance industrielle l'alliance qui a subsisté entre elles depuis Louis-le-Gros jusqu'à Louis-le-Grand.

PREMIÈRE LETTRE.

A MESSIEURS LES CULTIVATEURS,
FABRICANS, NÉGOCIANS, BANQUIERS ET AUTRES INDUSTRIELS.

Messieurs,

Depuis la publication de ma brochure *sur les mesures à prendre pour terminer la révolution*, je me suis présenté chez plusieurs industriels des plus importans et des plus généralement estimés, et j'ai pris la liberté de les consulter sur mon entreprise.

Tous, sans aucune exception, ont approuvé mes principes; tous ont eu la bonté d'applaudir aux efforts que je fais pour déterminer le Roi ainsi que la nation à les adopter; tous, enfin, m'ont rendu le service de me faire des objections.

La lecture de ces objections et des réponses que j'y ai faites vous fournira, Messieurs, de nouvelles preuves du droit incontestable que vous avez de jouir du premier degré de considération sociale, et d'exercer une influence prépondérante sur l'administration des affaires publiques.

PREMIÈRE OBJECTION.

L'Observateur. Votre système est trop absolu,

7

trop exclusif; certainement le commerce , la fabrication ainsi que la culture devraient être plus considérés , et classés d'une manière plus distinguée
qu'ils ne l'ont été jusqu'à ce jour; mais ceux qui se
livrent aux occupations de ce genre , ne doivent
pas prétendre à absorber toute la considération publique. Les cultivateurs , les négocians , les fabricans doivent certainement exercer une grande influence sur l'administration générale; mais ils ne
sont pas les seuls qui possèdent des connoissances
utiles à la société; il serait injuste , et par conséquent nuisible aux intérêts nationaux que le pouvoir et les places ne fussent confiés qu'à des industriels : que deviendrait une nation qui n'aurait que
des cultivateurs , des négocians et des fabricans ,
une nation chez laquelle les travaux relatifs au perfectionnement de la morale publique et privée , de
la législation , des sciences physiques et mathématiques , ainsi que des beaux-arts , ne seraient ni
considérés ni suivis avec activité ?

Réponse. Je n'ai point dit , je n'ai pas pensé que
les industriels dussent posséder la totalité de la
considération sociale , et exercer tous les emplois
publics. Une personne qui donnerait une pareille
conception pour base au système politique , me
paraîtrait un ignorant et un fou. Mon idée est très
différente de celle que vous m'attribuez fort injus-
tement , car je ne l'ai émise dans aucune partie de

l'opinion exposée dans ma brochure. Au surplus, votre objection ne m'étonne point. Je sais que toute idée neuve choque les habitudes contractées; je sais que ces habitudes s'opposent de tout leur pouvoir à son admission; je sais, enfin, que tout novateur doit se condamner à répéter souvent ce qu'il a dit, et à présenter son idée sous bien des faces différentes. Je vais vous exposer de nouveau la conception que j'ai publiée dans ma brochure, en affirmant qu'elle devait servir de base au nouveau système politique.

Dans l'état présent des lumières, et par l'effet le plus général et le plus immédiat de ces mêmes lumières, la nation désire prospérer par des travaux de culture, de fabrication et de commerce. Or, il est évident que le moyen le plus certain pour faire prospérer la culture, le commerce et la fabrication, consiste à confier aux cultivateurs, aux négocians et aux fabricans le soin de diriger l'administration des affaires publiques, c'est-à-dire le soin de faire le budget, car ils sont certainement ceux qui connaissent le mieux ce qui est utile, ainsi que ce qui est nuisible à leurs travaux.

Voilà ce que je pense, voilà ce que j'ai dit, voilà ce que je répète, voilà ce que je prouverai au Roi et à la nation; voilà en un mot le principe que j'ai l'intention de leur faire adopter, et que je suis certain de faire admettre par eux, à une époque peu éloignée, sans employer d'autre moyen que celui de la démonstration.

Et il ne résulte point de ce principe, auquel je pourrais donner le nom d'axiome, que les cultiva-teurs, les négocians et les fabricans doivent ab-sorber toute la considération publique, et occuper tous les emplois du Gouvernement.

Prenez la peine de réfléchir à la conduite que tiendra nécessairement (c'est-à-dire en agissant conformément à ses intérêts) la commission compo-sée d'industriels, qui sera chargée de faire le budget, et vous acquerrez, par votre propre travail, la conviction que cette commission s'empressera d'as-surer les fonds nécessaires pour activer tous les travaux utiles à la culture, à la fabrication ainsi qu'au commerce, et qu'elle fera cesser le plus promp-tement possible toutes les dépenses qui seront inu-tiles ou nuisibles aux principales branches de l'in-dustrie.

Or, il est évident que tous les travaux utiles à la culture, à la fabrication et au commerce, sont utiles à la société, tandis que tous les travaux inu-tiles ou nuisibles à l'industrie, sont inutiles à la société générale, ou lui sont nuisibles.

Tous les citoyens livrés à des occupations utiles à la société, doivent désirer que les industriels soient chargés de faire le budget ; car ils sont les plus intéressés de tous au perfectionnement de la

morale publique et privée, ainsi qu'à l'établissement des lois nécessaires pour empêcher les dés-
ordres, et ils sentent mieux que personne l'utilité des sciences positives et les services que les
beaux-arts rendent à la société ; car ils sont les plus
capables, les seuls capables de répartir entre les
membres de la société la considération et les récompenses nationales, de la manière convenable,
pour que justice soit rendue à chacun suivant son
mérite.

Ce serait une inquiétude mal fondée de craindre
que les industriels profitassent de ce qu'ils seraient
chargés de faire le budget pour s'emparer des places
du Gouvernement. Cette crainte serait mal fondée,
1°. parce que ces emplois deviendront subalternes
à leur égard, quand ce seront eux qui seront
chargés de la direction générale de l'administration
publique ; 2°. parce qu'après les réformes faites,
les grandes entreprises d'industrie seront infiniment
plus lucratives que les premières places du Gouvernement ; 3°. parce que les industriels se sentiront
moins propres à exercer les emplois du Gouvernement que ceux qui ont contracté l'habitude de
ce genre de travail.

Enfin, mon idée est bien simple, je dis :

Tant que la nation a voulu prospérer par la
guerre et en faisant des conquêtes, les militaires
ont dû former la première classe de la société ; ce

sont eux qui ont dû diriger les affaires publiques, et c'est, en effet, de cette manière que les choses se sont passées à cette époque. Aujourd'hui que la nation veut prospérer par des travaux pacifiques, ce sont les industriels qui doivent former la première classe de la société ; ce sont eux qui doivent diriger les affaires publiques ; ce sont eux, en un mot, qui doivent faire le budget.

Le système militaire n'était pas exclusif, puisque les militaires encourageaient tous les travaux qui leur étaient utiles ; le système industriel ne sera pas plus exclusif que celui de la féodalité ; il le sera même beaucoup moins, car tous les travaux qui tendront à améliorer le sort de l'espèce humaine seront directement utiles aux spéculations des industriels.

L'Observateur. Ainsi, l'idée que vous voulez donner pour base au système politique est que le projet de budget doit être connu et présenté au Roi par une commission composée d'industriels de profession.

Eh bien ! j'attaque l'idée mère de votre système ; je vous déclare que les industriels ne me paraissent point en état de bien combiner le projet des recettes et des dépenses générales : je vous déclare qu'ils me paraissent de tous les citoyens les moins capables de faire ce travail.

Chaque industriel concentre son attention dans

la branche d'industrie à laquelle il s'est adonné ; presque aucun d'eux n'est susceptible de s'élever à des considérations générales ; chacun d'eux désirerait que toute la force publique, que tous les moyens de la nation fussent employés à faire prospérer ses affaires particulières.

Vous avez dit, dans votre brochure, que la commission que le Roi chargerait de lui présenter un projet de budget devrait être composée de cultivateurs, de négocians et de fabricans.

Si ce projet se réalisait, vous verriez que les cultivateurs voudraient faire porter l'impôt en totalité sur les objets manufacturés et sur les denrées étrangères ; vous verriez que, sans s'inquiéter des inconvéniens qui pourraient en résulter pour la nation, ils voudraient établir la libre exportation de tous les produits territoriaux.

Les fabricans voudraient prohiber tous objets manufacturés chez l'étranger ; ils voudraient empêcher la sortie de toutes les matières premières, tandis que les négocians opineraient pour l'entière liberté de la circulation des produits nationaux et étrangers, sans se mettre en peine ni du renchérissement des grains, ni de la chute de nos manufactures.

Il est incontestable que ce sont les industriels qui forment la classe la plus utile et la plus nombreuse ; que ce sont eux qui fournissent, par leurs travaux, à tous les besoins de la société; que ce sont eux qui produisent toutes les richesses nationales.

Il est également certain que c'est dans l'intérêt de l'industrie que le budget doit être conçu. Mais il ne résulte pas de ces deux faits, qui ne peuvent pas vous être contestés, que le budget doit être conçu et combiné par les industriels. Vous avez commis une grande faute en en tirant cette conclusion; dont je viens de vous prouver le peu de solidité.

Réponse. La vérité ne dépend aucunement de notre volonté, ni de nos habitudes, ni de nos croyances. Une opinion peut être très fausse quoiqu'elle ait de nombreux partisans; c'est précisément le cas qui se présente dans ce moment. L'opinion que vous venez d'émettre est très répandue, fort accréditée, et cependant elle est complétement fausse.

Oui, Monsieur, c'est une erreur de croire que les chefs des travaux industriels ne possèdent que des connaissances particulières, que les connaissances relatives à la branche d'industrie qu'ils exploitent. Il y a une capacité qui leur est commune à tous, c'est la capacité administrative; c'est la capacité nécessaire pour faire un bon budget; et, cette capacité, ils sont les seuls qui la possèdent; ils en ont été les créateurs; elle n'a commencé à exister qu'à l'époque de l'affranchissement des com-

mûnes ; elle s'est toujours perfectionnée depuis
cette époque. Cette branche de nos connaissances
est devenue aujourd'hui une science positive; c'est-
à-dire, cette capacité s'est divisée en deux capacités,
la capacité théorique et la capacité pratique ; elle
est devenue une science positive, car les faits qui
lui servent de base sont des faits observés, car ce
sont des faits qui ont été vérifiés par de nom-
breuses expériences.

En un mot, Monsieur, vous dites que les industriels ne sont pas capables de faire le budget ; et je
vous réponds que les industriels sont les seuls capables de régler l'administration des affaires publiques
conformément aux intérêts de la très grande majorité de la nation, conformément à l'intérêt des
producteurs.

L'état actuel de l'opinion publique relativement
à la question que nous examinons est fort singulier.

Depuis la célèbre discussion sur le commerce
des grains, discussion dont le résultat a été que le
meilleur moyen d'assurer la subsistance de tous les
habitans de la France était de laisser à l'industrie
le soin de diriger cette administration, on a passé
en revue tous les services publics, et il a été reconnu que les industriels étaient les plus capables
de diriger toutes les branches de l'administration
générale.

L'opinion publique a prouvé qu'elle adoptait

toutes ces démonstrations particulières, en établissant le proverbe *laissez faire*, *laissez passer*; et
cependant elle reste persuadée que les industriels
ne sont pas capables de concevoir le plan général
des recettes et des dépenses publiques, qu'ils ne
sont pas capables de faire un bon budget, ce qui
implique une contradiction évidente; car ce qui
est vrai dans toutes ses parties est nécessairement
vrai dans son ensemble.

Je ne crois pas, Monsieur, devoir donner pour
ce moment un plus grand développement à ma
réponse; je la terminerai donc en vous disant que
ce que vous appelez mon système, est une conception
que je n'ai point créée, inventée; que ce système a été
organisé dans toutes ses parties par les industriels,
et que mes fonctions se bornent à proclamer la
vérité générale qui lie entre elles toutes les vérités
particulières admises en économie politique.

L'Observateur. Ce que vous venez de me dire
mérite d'être médité; je ne puis donc pas y répondre
sur-le-champ; mais je vous observerai qu'il y a une
chose importante dont je vous ai parlé, et à laquelle
vous n'avez fait aucune attention.

Je vous ai dit que les intérêts des cultivateurs,
des négocians et des fabricans, étaient tout-à-fait
distincts, qu'ils étaient même opposés les uns aux
autres; que de là il résultait qu'une commission
pour faire le budget, composée de cultivateurs, de

négocians et de fabricans, ne pourrait pas s'entendre.

Réponse. Je conviens que, sous le rapport de la
manière dont l'impôt doit être assis, il existe une
sorte d'opposition entre les intérêts des cultivateurs et ceux des fabricans, entre les intérêts des
cultivateurs et des fabricans réunis et ceux des
négocians ; mais je dis que cette opposition est
infiniment petite en comparaison de celle qui existe
entre les intérêts des industriels et ceux de la noblesse tant ancienne que nouvelle, ceux du clergé
tant ancien que nouveau, ceux des légistes, ceux
des propriétaires oisifs, et ceux, en un mot, des
Français qui ne sont pas industriels.

Je dis que les industriels de toutes les classes
sont intéressés à l'économie dans l'administration,
qu'ils sont aussi tous intéressés au maintien de la
tranquillité publique, tant intérieure qu'extérieure, tandis que les nobles, les tonsurés, les légistes et les propriétaires oisifs peuvent désirer que
le gaspillage continue, parce qu'il leur est profitable ; tandis qu'ils peuvent désirer une guerre
extérieure ou une révolution intérieure, parce que
ces crises peuvent leur être profitables en leur
procurant des places dans l'administration publique.

Je conviens, Monsieur, que le premier budget
fait par les industriels sera très imparfait, très infé-

rieur à ce qu'il pourrait être ; je conviens que ce
premier budget sera nécessairement très inférieur à
ceux que les industriels feront plus tard, et quand
ils auront acquis de l'expérience dans ce genre.
Mais il est évident que le premier budget, quelque
imparfait qu'il soit, remplira cependant beaucoup
mieux les conditions d'économie dans les dépenses
publiques et de bon emploi des deniers du trésor,
qu'aucun de ceux qui ont été faits jusqu'à ce
jour. Il est évident qu'il sera fait dans l'intention
de procurer tranquillité et stabilité à la maison
de Bourbon, en même temps que prospérité à la
nation.

Vous m'avez dit plus haut que les industriels
n'avaient point d'idée générale en administration,
et que leur ignorance, à cet égard, les rendrait
incapables de faire le budget. J'ajouterai à ce que
je vous ai déjà répondu sur ce sujet, qu'il existe
heureusement pour eux une nature de capacité,
qu'ils ne possèdent pas du tout, et dont tous les
ministres des finances que nous avons eus après
M. Necker (qui était un industriel), ont fait
preuve ; cette capacité est celle de conserver tous
les anciens abus en consacrant annuellement une
somme énorme à leur entretien.

Monsieur, l'esprit bavarde beaucoup avant que
le bon sens prenne la parole ; mais quand une fois
le bon sens a parlé, l'esprit ferait inutilement ses

efforts pour se faire écouter. Or, le bon sens général a proclamé la vérité fondamentale en finances :
*Que le budget devait être fait par ceux qui sont
intéressés à l'économie et au bon emploi des deniers publics*, et il résultera nécessairement de
cette proclamation du sens commun des Français,
que le Roi (dont la fonction la plus honorable
consiste à être l'organe de l'opinion publique)
chargera incessamment une commission choisie
parmi les industriels de lui présenter un projet de
budget.

L'Observateur. Vous ne m'avez pas persuadé que
vous aviez raison, mais vous m'avez entièrement
convaincu que votre opinion méritait les honneurs
d'une discussion générale et publique ; je crois
qu'elle deviendra bientôt le sujet de débats généraux en France, et même dans toute l'Europe ;
mais en attendant que l'attention publique se porte
sur cette question, il me paraît que je dois continuer à vous faire les objections qui s'étaient présentées à mon esprit lorsque j'ai lu votre brochure.

Je vous observe donc que les industriels, tra-
vaillant à faire le budget, cesseront nécessairement d'être industriels ; car ils ne pourront pas
mener de front leurs travaux pour le service public
avec ceux relatifs à leurs entreprises particulières.
Or, s'ils abandonnent leur maison, ils ne rempli-
ront plus les conditions que vous avez jugées né-

cessaires pour faire un bon budget ; car ils ne seront plus au nombre de ceux qui doivent craindre l'arbitraire et désirer l'économie, parce qu'ils ne peuvent ni exploiter le pouvoir, ni profiter du gaspillage.

Réponse. Je suis très flatté du jugement favorable que vous portez sur mon travail ; je suis très reconnaissant des vœux que vous faites pour qu'il obtienne les honneurs d'une discussion générale ; mais je ne suis point de votre avis.

Je vous observerai d'abord que l'opinion que vous appelez la mienne, n'est autre chose que le résumé des opinions émises dans toutes les occasions par les industriels praticiens, tels que MM. Ternaux, Beauséjour, etc. etc. ; qu'elle est l'énoncé général des principes professés par le théoricien J.-B. Say, et par les autres écrivains en économie politique.

Je vais vous présenter une seconde observation qui mérite de fixer toute votre attention.

L'époque à laquelle les astronomes ont constitué l'astronomie, en dégageant la base de cette science des faits imaginés qui étaient entrés dans sa première construction, n'a point été signalée par une grande discussion ; il s'est établi une ligne de démarcation entre les astronomes et les astrologues ; les uns ont été classés parmi les savans, et les autres parmi les charlatans. *On peut combattre une croyance, mais on est obligé de se soumettre à une démonstration.*

Le passage de l'alchimie à la chimie n'a pas trouvé non plus d'opposans dont la résistance ait laissé de trace dans l'histoire; il n'a point occasionné de discussion mémorable.

Il en sera nécessairement de même pour l'établissement de la politique positive; cet établissement ne sera pas précédé d'une discussion importante dès l'instant que les industriels prendront l'attitude convenable. Dès l'instant que faisant une application générale de leurs principes ils se débarrasseront des doctrines féodales et théologiques, on verra la noblesse et le clergé se soumettre sans résistance; on verra les nobles et les prêtres devenir agriculteurs, négocians, fabricans, ou se livrer à des travaux utiles à la culture, à la fabrication et au commerce, en s'occupant, par exemple, d'enseigner la morale positive qui doit servir de base au système industriel. De même que la théologie a été le fondement du régime féodal, on verra les légistes ne plus chercher le but vers lequel la société doit se diriger; on les verra ne plus s'occuper de faire les meilleures lois possibles, mais tout bonnement de faire les lois qui pourront assurer le mieux la prospérité de la culture, du commerce et de la fabrication.

Il me reste à vous prouver que les industriels,

qui feront partie de la commission chargée de faire
le budget, ne seront point obligés de renoncer à
leurs entreprises industrielles; mais il me paraît
que notre séance d'aujourd'hui a été suffisamment
longue; je vous propose de nous ajourner à demain.

L'Observateur. J'y consens.

Messieurs, je vous donnerai incessamment la
suite de cette discussion; ce ne sera pas cependant
dans ma prochaine Lettre, parce qu'il y a un autre
objet sur lequel il me paraît important d'appeler
votre attention le plus promptement possible.

J'ai l'honneur d'être, etc.

~~~~~~

II. LETTRE.

A MESSIEURS LES CULTIVATEURS,
NÉGOCIANS, FABRICANS, BANQUIERS ET AUTRES INDUSTRIELS.

MESSIEURS,

J'ai l'honneur de vous envoyer la suite de la discussion dont je vous ai donné le commencement dans ma première Lettre; voici ma réponse à la dernière objection qui m'avait été faite.

Réponse. Il ne me sera pas difficile de vous prouver que les industriels composant la commission chargée de faire le budget, ne seront point obligés de renoncer à leurs entreprises industrielles; car ma réplique sera fondée sur trois faits que vous ne sauriez révoquer en doute, puisqu'ils sont connus de tout le monde.

Permettez-moi de vous demander si M. Ternaux a abandonné ses manufactures, si M. Beauséjour a renoncé à ses grandes entreprises agricoles, si M. Delessert a quitté son commerce, si M. Lafitte a cessé de faire la banque. Je pourrois vous faire la même question relativement à plus de trente autres

8

industriels qui sont membres de la Chambre des Députés. Cependant la dernière session les a occupés dix fois plus de temps qu'il n'en faudrait à une commission d'industriels pour faire le budget.

Je vous ferai observer ensuite qu'il existe, depuis long-temps, des chambres de commerce qui sont composées d'industriels ; qu'il existe aussi des conseils de manufactures également composés d'industriels, et qu'on n'a point vu les membres de ces assemblées renoncer à leurs entreprises industrielles. M. Basterreche est membre de la chambre de commerce depuis sa formation ; il est aujourd'hui député, et sa maison de commerce n'a pas cessé d'être une des plus importantes de la France.

Enfin, je vous dirai que la banque de France est un établissement qui occupe toute l'année le conseil des régens, qui est entièrement composé d'industriels, et qu'on ne s'est pas aperçu que les régens de la banque négligeassent leurs affaires particulières.

J'ajouterai, à l'appui de ces faits, deux considérations importantes.

La première de ces considérations est que le budget coûtera fort peu de peine et très peu de temps à faire, quand les industriels en seront chargés. Ce qui rend aujourd'hui cette opération longue et difficile, c'est qu'à la manière dont le problème est posé, la question à résoudre consiste à faire payer tous les ans une somme de deux ou trois cents millions à la nation, qui n'est point employée aux services publics, sans la mécontenter.

La seconde observation que j'ai à vous faire, est que, dans tous les temps, ceux qui ont dirigé les affaires publiques, sont ceux qui ont eu le moins d'occupations. Qu'on parcoure toute l'Europe, et on verra que ce sont les rois, les princes, les ministres, les grands dignitaires, en un mot, les suprêmes directeurs des affaires publiques qui chassent le plus, qui donnent le plus de fêtes, de bals, de grands repas, qui fréquentent le plus les spectacles, etc.; et, en me résumant, Monsieur, je dis que les industriels qui composeront la commission chargée de faire le budget, ne seront point obligés, pour faire ce travail, de renoncer à leurs entreprises industrielles.

L'Observateur. Pendant que nous considérons les choses sous le rapport du budget, j'ai une autre observation à vous faire.

Vous avez dit, dans votre brochure, que le ministre des finances devait être toujours pris dans la classe des industriels de profession. Or, je vous fais observer qu'une des qualités indispensables aujourd'hui pour occuper la place de ministre des finances, est de parler avec facilité. Il faut que ce ministre soit orateur, pour être en état de défendre ses plans contre les orateurs du parti de l'opposition,

Je vous passe encore que le budget soit fait par une commission composée d'industriels, parce que ce travail n'exige, comme vous l'avez prouvé, que la capacité administrative; mais la place de ministre des finances n'est pas dans le même cas; elle ne peut, comme je viens de vous le dire, être occupée que par un orateur.

Réponse. Il faut beaucoup d'éloquence pour soutenir un budget conçu dans l'intérêt des gouvernans contre l'intérêt des gouvernés, et cette éloquence ne peut jamais être suffisante pour convaincre la nation; elle a besoin, pour atteindre le but que se propose l'orateur, d'être soutenue par une majorité corrompue, par une majorité directement opposée aux vrais intérêts du Roi et à ceux de la nation. Monsieur, le rôle des parleurs approche de sa fin, celui des faiseurs ne tardera pas à commencer. Le Roi, ainsi que les industriels, sont mystifiés depuis long-temps, par les militaires, par les tonsurés et par les avocats. Ils ne tarderont pas à ouvrir les yeux.

J'ai en effet dit dans ma brochure que la place de ministre des finances devait toujours être occupée par une personne ayant été pendant plusieurs années industriel de profession. Ce n'est qu'après y avoir bien réfléchi que j'ai émis cette opinion, et je suis en état de la soutenir sous tous ses rapports.

Dans l'état actuel des lumières, ce n'est plus d'être gouvernée dont la nation a besoin, c'est d'être administrée, et d'être administrée au meilleur marché possible; or, il n'y a que dans l'industrie qu'on puisse apprendre à administrer à bon marché.

Avez-vous, je vous prie, d'autres observations à me faire?

L'Observateur. Oui, j'ai encore trois observations à vous faire, qui se rattachent toutes les trois à l'objection que nous avons discutée jusqu'à présent.

Réponse. Permettez que nous en restions là pour aujourd'hui, nous terminerons cette discussion dans un autre moment; je désire envoyer le plus promptement possible à mes correspondans une seconde Lettre sur les Bourbons; il faut que je vous quitte pour y travailler.

Ce que j'ai à dire sur les Bourbons est pour le moment mon affaire la plus importante, c'est ce qui constitue ma besogne directe: mes discussions avec vous ne sont dans la réalité qu'un accessoire de mon travail.

Je dois commencer par établir la démonstration pour tous les chefs de travaux industriels, qu'il est de leur intérêt que la maison de Bourbon ne conserve aucune inquiétude relativement aux com-

plots que des factieux pourraient vouloir former
pour renverser son trône.

Quand j'aurai pleinement convaincu de cette vérité tous les chefs des entreprises industrielles, il
ne me sera pas difficile de les déterminer à présenter au Roi une adresse signée d'eux, ainsi que
de tous leurs employés et ouvriers, par laquelle ils
déclareront à Sa Majesté que leur vœu à tous est
d'être gouvernés par les Bourbons ; qu'ils désap-
prouvent formellement tous ceux qui cherchent à
entraver leur gouvernement, et qu'ils les regardent
comme des ennemis personnels de l'industrie.

Ma troisième opération aura pour objet de déterminer le Roi à charger une commission prise
parmi les industriels de profession, de lui présenter un projet de budget.

Cette troisième opération, qui paraît aujour-
d'hui la plus difficile à beaucoup de personnes (je
dirais presque à tout le monde), sera, au contraire,
la plus aisée de toutes, quand les industriels auront constaté leur force politique, en imposant
silence aux factieux, et en les forçant de renoncer
définitivement à leurs projets.

Le Roi et la famille royale reconnaîtront alors
(en quelque sorte forcément) que les industriels
sont les appuis les plus solides qu'ils puissent se
procurer, puisque ce seront eux qui les auraient

préservés de dangers dont la noblesse, le clergé ou l'ordre judiciaire n'auront pu les garantir.

A la cour, moins que partout ailleurs, on se laisse conduire par le cœur. Si les Bourbons se sont ligués jusqu'à ce jour avec le clergé, avec la noblesse, avec l'ordre judiciaire, et avec les propriétaires oisifs, c'est par la raison qu'ils ont cru que la force politique se trouvait dans leurs mains; c'est par la raison qu'ils ont pensé que ces classes-là leur étaient plus attachées que les industriels; et il faut convenir que la famille royale ne pouvait guère juger les choses autrement, car les industriels n'ont joué jusqu'à ce jour qu'un rôle passif en politique; car ils n'ont point manifesté d'opinion qui leur fût propre. Que les industriels se montrent; qu'ils fassent connaître publiquement leurs intentions, et ils verront que la famille royale cherchera leur alliance; ils verront que le Roi s'empressera de les placer à la tête de l'administration, en les chargeant de faire le budget; ils verront que les Bourbons abandonneront toutes les institutions surannées, pour se livrer avec zèle à l'organisation du régime industriel.

Enfin, Monsieur, mon projet est de cimenter une alliance solide entre les Bourbons et les industriels. Or, pour réussir dans ce projet, il est clair que je dois commencer par obtenir des industriels qu'ils arrivent promptement et efficacement au secours des Bourbons ; car les dangers auxquels les Bourbons sont exposés sont beaucoup plus grands et beaucoup plus pressans que ceux courus par les industriels, qui, en définitive, sont certains de l'emporter sur la noblesse, sur le clergé, sur les avocats, et sur tous ceux qui prétendront devoir exercer une influence plus grande qu'eux ou égale à la leur sur l'administration publique, tandis que l'existence entière des Bourbons se trouve compromise dans ce moment.

Adieu donc, Monsieur ; à demain pour la clôture de notre première discussion.

MESSIEURS,

Une chose importante, et que je vous prie de remarquer, c'est que les idées que je produis sont celles que vous avez trouvées, et qui m'ont été communiquées par vous ; c'est que les faits sur lesquels je m'appuie sont ceux que vous avez constatés ; c'est que les principes que je proclame sont ceux que vous avez constitués ; de manière que ma besogne consiste uniquement à rendre actif ce que vous vous êtes contentés jusqu'à ce jour d'établir d'une manière passive.

Tout votre acquis, en politique, ne vous a servi jusqu'à présent qu'à élever des digues pour contenir tant bien que mal les pouvoirs féodaux et théologiques, les pouvoirs despotiques populaires, et despotiques militaires. J'ai senti que vous pouviez maintenant faire mieux que cela ; j'ai senti que c'était vous aujourd'hui qui formiez le gros bataillon ; j'ai senti, en un mot, que vous étiez en mesure de constituer le régime industriel ; car *les rois, de même que les dieux, sont pour les gros bataillons :* ainsi vous pouvez, sans crainte d'éprouver un refus, proposer au Roi et à la famille royale d'abandonner le clergé et la noblesse pour se placer à votre tête.

Messieurs, toutes les doctrines politiques qui ont été professées depuis le commencement de la révolution, celle des jacobins, celle du Directoire, et celle de Bonaparte, ont été contraires à vos intérêts ainsi qu'à ceux du Roi ; celles qu'on professe aujourd'hui ne sont pas meilleures pour les Bourbons, ni pour vous ; il n'y a que la doctrine industrielle dont l'adoption puisse terminer la révolution. Vous avez rassemblé tous les matériaux nécessaires pour organiser cette doctrine ; mais ces matériaux ont besoin d'être coordonnés ; il faut les disposer systématiquement : c'est ce travail que j'ai entrepris. Je m'y livre avec le plus grand zèle, et je vous prie d'être persuadés que je me tiens pour fort honoré d'être entré au service de la puissance industrielle.

J'ai l'honneur d'être, Messieurs,

Votre très humble et très obéissant serviteur.

IIIᵉ LETTRE.

A MESSIEURS LES CULTIVATEURS,

FABRICANS, NÉGOCIANS, BANQUIERS ET AUTRES INDUSTRIELS.

MESSIEURS,

J'ai l'honneur de vous envoyer un troisième fragment de la première discussion que j'ai soutenue
pour défendre *mon opinion sur les mesures à
prendre pour terminer la révolution.*

L'Observateur. Vous donnez l'avantage au maté-
riel sur le spirituel ; vous subordonnez la théorie à
la pratique ; vous placez en première ligne les cultivateurs, les fabricans, les négocians, ainsi que les
banquiers ; et il résulte de cette disposition organique que les physiciens, que les chimistes, que les
physiologistes, ainsi que les mathématiciens, ne se
trouveraient qu'au second rang, ce qui est monstrueux : car ce sont ces savans qui perfectionnent
tous les procédés généraux employés dans la culture,
dans les fabriques de tous genres, dans le commerce,
ainsi que dans la banque ; et il est bien plus difficile
de perfectionner les procédés généraux que les détails de l'exécution.

Réponse. Monsieur, vous ne vous placez pas au même point de vue que moi ; c'est ce qui fait que nous ne nous entendons pas : je considère les choses d'une manière générale, tandis que vous ne les envisagez que sous un rapport secondaire.

L'objet de mon entreprise est de débarrasser les hommes qui sont occupés des travaux de l'utilité la plus positive et la plus directe, de la domination exercée sur eux jusqu'à ce jour par le clergé, par la noblessse, par l'ordre judiciaire, ainsi que par les propriétaires qui ne sont pas industriels. Je considère, pour le moment, les savans adonnés à l'étude des sciences positives comme ne formant qu'une seule classe avec les cultivateurs, les fabricans, les négocians et les banquiers ; mais il ne résulte point de ce que je considère en masse ceux qui contribuent à la production, que la division entre les travaux théoriques et les travaux pratiques doive disparaître : il en résulte encore moins que, d'après mon opinion, les théoriciens doivent jouir d'une considération inférieure à celle qui sera accordée aux praticiens. La vérité est que cette division ne doit pas m'occuper dans ce moment ; il serait nuisible à mon entreprise que je m'en occupasse ; parce que cela compliquerait inutilement mon opération.

Cette division s'établira d'elle-même entre les hommes positifs, quand ils se seront débarrassés de la domination des sabreurs et des faiseurs de phrases; et on ne saurait douter que les découvertes faites dans les sciences physiques et mathématiques ne procurent, sous le régime industriel, le premier degré de considération, puisqu'elles sont celles de l'utilité la plus générale pour la prospérité de la culture, ainsi que de la fabrication et du commerce.

Deux raisons m'ont engagé à m'adresser plutôt aux cultivateurs, aux fabricans et aux négocians qu'aux savans, pour les engager à s'occuper d'une manière active de l'administration des intérêts généraux de la nation.

Ma première raison a été que les praticiens ont des moyens d'existence qui les rendent indépendans; tandis que les théoriciens vivent presque tous du produit de places dont le Gouvernement dispose, c'est-à-dire qui dépendent dans ce moment du clergé, de la noblesse, de l'ordre judiciaire et des propriétaires oisifs. De manière que les premiers ne courent d'autres risques, en manifestant une opinion généreuse, que de se priver de l'expectative d'un sobriquet de baron, de comte, de marquis ou de duc; tandis que les théoriciens exposeraient leurs moyens d'existence en indiquant à la nation les moyens de se débarrasser de l'éteignoir théologique et féodal dont elle est encore affublée.

Ma seconde raison a été que le pouvoir administratif devant être invariablement fixé dans les mains des praticiens, et les récompenses nationales devant être accordées par eux, les théoriciens resteront à tout jamais, sous le rapport temporel, dans la dépendance des cultivateurs, des fabricans, des négocians et des banquiers, quoiqu'ils doivent obtenir un plus haut degré de considération que celui dont jouiront ceux qui le leur accorderont. Ce sont les acteurs et les spectateurs qui ont fait la réputation des Corneille et des Molière; et il est de fait que ni les uns ni les autres n'ont entrepris de rivaliser de gloire avec ces fondateurs de notre littérature dramatique, qui est pour nous une branche d'industrie importante, quoique secondaire.

Si, malheureusement pour nous, il s'établissait un ordre de choses dans lequel l'administration des affaires temporelles se trouvât placée dans les mains des savans, on verrait bientôt le corps scientifique se corrompre et s'approprier les vices du clergé; il deviendrait métaphysicien, astucieux et despote.

Au surplus, on peut être certain que les physiciens, que les chimistes, que les physiologistes, ainsi que les mathématiciens, seconderont autant qu'il leur sera possible (sans toutefois s'exposer à la misère) les efforts qui seront faits par les cultivateurs, par les fabricans, par les négocians et par les banquiers, pour commencer l'établissement du régime industriel.

J'ai personnellement connaissance de travaux faits par des savans positifs, pour organiser l'éducation nationale, d'une manière telle que les enfans de toutes les classes apprennent, dans le moins de temps possible, ce qui leur est le plus utile de savoir pour eux-mêmes et pour la société.

J'ai également connaissance personnelle de travaux scientifiques, qui ont pour objet l'accroissement des produits de la nation, et particulièrement celui des produits agricoles. Les améliorations, sous ce dernier rapport, au moyen de percemens de route, d'ouvertures de canaux, de desséchemens et de défrichemens, pourraient augmenter, pendant plus de vingt années, le capital territorial de la France, de plus d'un milliard par an.

J'ai aussi connaissance de projets ayant pour but d'assurer du travail aux non-propriétaires, et d'améliorer sous tous les rapports le sort de cette classe qui compose encore aujourd'hui la majorité de la nation, tout en accroissant chez eux le sentiment du respect dû à la propriété, et d'une autre part, en multipliant les jouissances des riches.

J'ai encore connaissance de combinaisons faites pour remédier aux inconvéniens qui résulteront de la rapidité avec laquelle la population s'accroîtra, quand le régime industriel aura fait prendre à la culture, à la fabrication et au commerce, tout l'essor dont ils sont susceptibles. Ce travail ren-

ferme un système de colonisation large et peu dispendieux.

Enfin je puis certifier que tous les travaux scientifiques, nécessaires à l'établissement du régime
industriel, existent, et je puis certifier également
(l'intention de leurs auteurs m'étant connue) qu'ils
seront publiés dès que l'administration publique
sera sortie des mains du clergé, de la noblesse et
de l'ordre judiciaire, pour entrer dans celles des
cultivateurs, des fabricans et des négocians.

L'Observateur. Je ne pousserai pas la discussion
plus loin sur ce point. Je vais passer à une autre
considération; je vais vous parler des beaux-arts.
J'admets donc que, pour le progrès de la physique,
de la chimie et de la physiologie, ainsi que des
mathématiques, de même que pour l'utilité de
ceux qui cultivent ces sciences, il serait désirable
que l'administration des intérêts publics sortît des
mains des nobles, des tonsurés et des avocats,
pour entrer dans celles des cultivateurs, des fabricans, des négocians et des banquiers ; mais vous
conviendrez qu'il n'en est pas de même des beaux-
arts. Le jour où l'administration générale passera
dans les mains de vos hommes positifs, sera celui
de la mort des beaux-arts, ainsi que celui de la
ruine et de la déconsidération des artistes.

Réponse. Les Athéniens ont été incontestablement, de tous les Grecs, ceux qui se sont le plus

occupés de commerce, de fabrication et de culture ;
c'est cependant Athènes qui a été, dans l'ancienne
Grèce, la principale école des beaux-arts ; c'est à
Athènes que les poètes, que les peintres, que les
sculpteurs, que les architectes, ainsi que les musiciens ont été le plus considérés et le mieux récompensés.

A la renaissance des beaux-arts, Florence était
essentiellement industrielle ; elle était gouvernée
par les Médicis qui étaient des négocians, et c'est
Florence qui a le plus efficacement secondé les
efforts des artistes, pour constituer l'école des
beaux-arts modernes.

Anvers était la ville de toute l'Europe qui, proportion gardée de sa population, faisait les entreprises industrielles les plus importantes ; c'est cependant à Anvers, et à l'époque de ses plus grands
succès dans le commerce, qu'a été fondée la plus
ancienne et la plus importante école de peinture
qui ait existé, jusqu'à une époque très-récente,
dans le nord de notre continent.

Le plus grand luxe des Hollandais consiste dans
des collections de tableaux.

C'est une supposition entièrement gratuite, que
celle de l'indifférence des industriels pour les
beaux-arts. La vérité est que les nobles, que les
tonsurés, que les légistes, ainsi que les propriétaires oisifs emploient en général les accroissemens

qu'ils éprouvent dans leurs fortunes, à augmenter le nombre de leurs valets et celui de leurs chevaux, qu'ils meublent leurs maisons avec plus de recherche, qu'ils rendent leurs tables plus somptueuses; tandis que les industriels préfèrent employer leur superflu à former des collections de chefs-d'œuvre des beaux-arts, et qu'ils traitent toujours les artistes qui se distinguent avec la plus grande considération. Les seigneurs classent les artistes parmi leurs protégés; les industriels les envisagent comme des hommes dont les travaux font prospérer les fabriques, en même temps qu'ils donnent du lustre à la nation.

Ce que je viens de vous dire en dernier lieu est si vrai; cela est si bien senti par les artistes, que vous ne les verrez point rester indifférens au mouvement politique qui constituera le régime industriel, et ce ne sera pas le parti des privilégiés contre les industriels qu'ils prendront; ce sera au contraire le parti des industriels qu'ils soutiendront.

Les poètes, les peintres et les musiciens ont donné aux Grecs l'énergie dont ils avaient besoin pour résister aux innombrables armées des Perses; ce sont eux qui ont le plus contribué chez les modernes à inspirer à tous les chrétiens la haine des tyrans; ce sont eux qui ont stimulé les peuples européens à constituer un régime libéral. Soyez certain, Monsieur, qu'ils sauront ennoblir les tra-

9

vaux de la culture, de la fabrication et du commerce; soyez sûr qu'ils trouveront le moyen d'éveiller dans l'âme des industriels les idées de gloire, ainsi que les sentimens généreux.

En un mot, Monsieur, tous les travaux qui peuvent contribuer à l'utilité ou à l'agrément de la société, seront plus considérés, mieux encouragés, et plus généreusement récompensés qu'ils ne l'ont été sous aucun autre régime. Le système industriel est celui vers lequel l'espèce humaine a toujours tendu; ce système sera le système final; tous les autres systèmes politiques qui ont existé, ne doivent être considérés que comme des systèmes préparatoires.

L'Observateur. Quand vous auriez raison, relativement aux sciences exactes et aux beaux-arts, il reste un point plus important que tous ceux que nous avons traités jusqu'à présent, et à l'égard duquel je suis certain de vous battre. Mais comme cette dernière observation entraînera de longs débats, et que notre conversation d'aujourd'hui s'est déjà suffisamment étendue, je vous propose de nous ajourner à demain.

Réponse. Je ne m'effraie point de vos menaces; je ne crains aucune de vos attaques; je suis certain de repousser avec avantage celle que vous méditez, de même que celles que vous avez effectuées aujourd'hui, et dans lesquelles vous aviez

tant de confiance lors de notre dernière conversation.

J'ai reçu la mission de faire sortir les pouvoirs
politiques des mains du clergé, de la noblesse et
de l'ordre judiciaire, pour les faire entrer dans
celles des industriels : je remplirai cette mission
quels que soient les obstacles que je puisse ren-
contrer, et quand bien même le pouvoir royal,
aveuglé sur ses véritables intérêts, tenterait de
s'y opposer.

C'est la philosophie qui a constitué les plus importantes institutions politiques ; elle seule possède des pouvoirs suffisans pour faire cesser l'action de celles qui ont vieilli, et pour en former
de nouvelles qui soient fondées sur une doctrine
perfectionnée.

Monsieur, toute institution politique puise ses
forces dans les services qu'elle rend à la majorité
de la société, et par conséquent à la classe la plus
pauvre.

Si les institutions du clergé, de la noblesse et
de l'ordre judiciaire, ont duré grand nombre d'années, si elles ont eu beaucoup de force, c'est
qu'elles ont rendu de longs et importans services à
la majorité de la nation.

Avant que l'usage des armes à feu fût perfec-
tionné et généralement répandu, la force militaire
consistait principalement dans les hommes d'armes ;

les hommes d'armes étaient, de toute la société, ceux qui faisaient le métier le plus dangereux et le plus fatigant. Or, c'étaient les nobles qui, exclusivement à tous autres, professaient cet état. A cette époque où toutes les nations étaient essentiellement guerrières, malheur à celle chez laquelle la caste militaire n'était pas vigoureuse, bien exercée, et animée de l'amour de la gloire! Bayard a été, de son temps, l'homme le plus utile à son pays. Ce héros était un véritable protecteur de l'industrie, à cette époque où les industriels n'étaient pas en état de se défendre eux-mêmes. Il a maintes fois préservé les paisibles habitans de nos campagnes des désastres dont ils étaient menacés; il a plus fait, il a introduit une sorte de civilisation et de modération dans l'esprit militaire; il a été dans toutes les occasions un modèle de loyauté et de désintéressement, et il a légué à ses compatriotes le plus utile de tous les héritages dont un citoyen puisse enrichir sa patrie; c'est le souvenir de ses vertus, souvenir qui nous met en état d'apprécier aujourd'hui à leur juste valeur les services qui ont été rendus à la France par Bonaparte et par ses avides lieutenans.

Je passe à l'examen de ce qui concerne le clergé. Ce sont les moines qui ont conservé les manuscrits des Grecs et des Romains; c'est le clergé catholique qui a civilisé l'Europe. Le célèbre *Hume*, qui était protestant, et qui, par conséquent, ne saurait être regardé comme suspect à cet égard, en fait la déclaration formelle et positive dans son Histoire de l'Angleterre; et cet auteur est incontestablement le meilleur des historiens modernes.

Le clergé a rendu des services importans aux dernières classes de la société, tant qu'il a prêché aux riches et aux puissans les obligations qui leur sont imposées par Dieu et par la morale. Qui oserait nier que Fénelon, Massillon, Fléchier et Bourdaloue aient été de zélés et d'utiles défenseurs des droits du peuple? Bossuet est peut-être l'homme qui a le plus efficacement préparé la révolution. Il a dit et répété avec une éloquence qui a fixé l'attention générale, que les hommes étaient égaux après leur mort. Cela a conduit à examiner quelle était la différence qui devait exister entre eux pendant leur vie terrestre. (1)

Quant à l'ordre judiciaire, c'est à ses travaux

---

(1) Il est certain que, depuis le quinzième siècle, l'institution du clergé catholique a été plus nuisible que profitable aux intérêts de la majorité de la nation; mais il ne faut pas conclure de là qu'il n'ait plus eu que des inconvéniens sans avantage. Depuis cette époque il a encore, sous quelques rapports, rendu des services; il en a rendu, comme je viens de dire, pendant le siècle de Louis XIV; il en a même rendu jusqu'à la révolution. Partout où les curés se trouvaient en opposition avec les seigneurs, il

que nous avons dû la suppression des justices sei-
gneuriales qui étaient la source des vexations les
plus multipliées que les dernières classes du peuple
avaient à supporter.

Après avoir soumis toute la France à la justice
royale, les légistes ont encore rendu dans plusieurs
occasions d'importans services à la classe convenable : on a vu plus d'une fois les parlemens lutter
contre nos rois pour défendre les droits de la nation ; ils ont particulièrement montré une grande
énergie dans la manière dont ils se sont opposés
aux envahissemens de la puissance papale.

---

résultait toujours de cette lutte quelques avantages pour
le peuple.

Ainsi, j'ai pu dire que le clergé a rendu des services au
peuple sous Louis XIV, sans qu'on ait le droit de conclure que mon opinion soit que le clergé, à l'époque de
la querelle des molinistes et des jansénistes, à l'époque de
la révocation de l'édit de Nantes, ait été une institution
essentiellement bienfaisante pour l'espèce humaine.

Il me reste une autre observation bien plus importante
à faire au lecteur ; c'est qu'il est très essentiel de ne point
confondre le clergé avec la religion.

C'est le clergé, et ce n'est point la religion qui est devenue nuisible à la société depuis le quinzième siècle, et si le
clergé est devenu, depuis cette époque, plus nuisible
qu'utile, c'est par la raison que sa conduite s'est trouvée
en opposition avec les principes sublimes et d'éternelle
vérité qui servent de base à la religion.

Si aujourd'hui, Monsieur, le clergé, la noblesse et l'ordre judiciaire n'ont plus aucune force, c'est que ces institutions ne sont plus d'aucune utilité à la nation, c'est qu'elles ne rendent plus de services aux dernières classes de la société.

Et en effet les nobles, qui faisaient autrefois le métier le plus fatigant, forment aujourd'hui la classe la plus désœuvrée, et par conséquent celle du plus mauvais exemple pour la société.

Depuis la découverte de la poudre à canon, l'éducation militaire n'est plus une éducation spéciale; après quinze jours d'exercice, tout homme sait tirer un coup de fusil; et après deux ou trois campagnes il se trouve capable de remplir les fonctions de général, pourvu qu'il ait reçu de la nature une grande audace et un peu d'intelligence; tandis qu'autrefois il fallait vingt années de travail à un chevalier pour se former à bien rompre une lance.

D'ailleurs l'esprit national a entièrement changé de direction. Avant la révolution il était essentiellement militaire; il l'a encore été accidentellement, et, en quelque façon, forcément pendant une partie de la révolution; mais aujourd'hui il est devenu définitivement industriel. De manière que nous ne pouvons plus avoir que des guerres défensives; bientôt même celles de cette espèce ne pourront plus avoir lieu, car la révolution qui s'est opérée dans l'esprit national français s'effectue tous les

jours chez les nations voisines, qui tendent à devenir pacifiques, étant bien persuadées que c'est le
seul moyen pour elles de se débarrasser des pouvoirs arbitraires dont elles portent encore le joug.

Quant au clergé, il est devenu pour le peuple
une charge sans bénéfice : dans l'état actuel des
choses, il coûte encore beaucoup d'argent à la dernière classe de la société; et toutes ses prédications
ont pour objet d'établir que les pauvres doivent
une obéissance passive aux riches et aux privilégiés,
lesquels doivent eux-mêmes obéir aveuglément,
d'abord au pape, et ensuite aux rois.

Depuis la rentrée de la maison de Bourbon, on
n'a entendu parler d'aucun prédicateur qui se soit
occupé de rappeler à la famille royale ses devoirs
à l'égard de la nation; or il est évident que le
peuple français ne peut accorder aucune confiance
à une corporation ecclésiastique qui voit toute la
morale dans l'obéissance de la nation à ses princes,
et qui ne travaille point à établir, dans l'opinion,
les obligations des princes à l'égard de la nation.

L'ordre judiciaire, bien plus encore que le clergé
et la noblesse, a perdu l'estime des Français. Presque tous les juges se sont faits des instrumens du
pouvoir; et aujourd'hui, la plus grande partie des
présidens et des procureurs du roi professent, en
plein tribunal, des opinions absolument contraires
ux droits et aux intérêts de la nation.

Enfin, Monsieur, je vous dirai, pour compléter cette récapitulation, que si le clergé, la noblesse et l'ordre judiciaire subsistent encore, quoique ces institutions ne soient plus utiles à la société, quoiqu'elles soient au contraire très à charge à la majorité de la nation, c'est qu'elles ont été mal attaquées, c'est que les conditions nécessaires pour faire cesser leur action n'ont point été remplies.

Ce troisième examen mérite, Monsieur, toute votre attention, et je prends la liberté de la réclamer tout entière.

D'abord, il est de fait, d'une part, que les institutions du clergé, de la noblesse et de l'ordre judiciaire, ont été successivement attaquées par les philosophes du dix-huitième siècle, par l'assemblée constituante et par la convention nationale; et d'une autre part, que ces institutions subsistent encore; d'où il résulte évidemment qu'elles ont été mal attaquées. Il s'agit maintenant d'établir clairement et en peu de mots, quelles ont été les fautes commises par les attaquans, et quelle est la manière dont les industriels doivent s'y prendre pour remporter sur elles une victoire complète, décisive et définitive.

Les efforts philosophiques des littérateurs du dix-huitième siècle, pour débarrasser la société des institutions du clergé, de la noblesse et de l'ordre judiciaire, ont obtenu des succès prompts et brillans; mais ces succès ont été très incomplets, de même que l'attaque l'avait été : cette affaire n'avait eu lieu qu'entre l'avant-garde philosophique et les privilégiés.

Je dis, Monsieur, que l'attaque des littérateurs du dix-huitième siècle a été brillante, et qu'elle a obtenu un prompt succès, parce qu'elle a fixé l'attention de toute l'Europe, et qu'elle a été suivie presque immédiatement de l'insurrection de la nation contre les privilégiés.

Je dis que cette attaque n'a obtenu qu'un succès incomplet, parce que les institutions du clergé, de la noblesse et de l'ordre judiciaire, après avoir été terrassées, se sont relevées, et qu'elles tendent aujourd'hui à se reconstituer : je dis que l'attaque a été incomplète, parce que le raisonnement mis en avant a été que le clergé, que la noblesse et que l'ordre judiciaire étaient des institutions qui, à toutes les époques, avaient agi d'une manière nuisible aux intérêts de la nation, ce qui était faux; et aussi parce que les attaquans s'étaient contentés de prouver que ces institutions n'étaient aucunement en rapport avec l'état des lumières et de la civilisation, sans s'être occupés de faire connaître quelles étaient les institutions qui devaient les remplacer.

Enfin je dis que cette affaire n'avait été qu'une

attaque d'avant-garde, parce que ce sont les littérateurs qui ont joué le rôle principal dans cette
action, et que les savans, je veux dire l'Académie
des Sciences, ne s'est pas franchement engagée dans
cette attaque.

Voilà, Monsieur, l'analyse de la première attaque : je passe à celle de la seconde.

L'assemblée constituante a voulu aussi débarrasser la société du clergé, de la noblesse et de
l'ordre judiciaire. Pour atteindre ce but, elle a usé
de son pouvoir constituant, et elle a déclaré que la
noblesse, que le clergé et que l'ordre judiciaire
étaient supprimés, en tant que corporations char-
gées d'administrer les affaires générales ; mais l'assemblée constituante n'ayant point remplacé l'action politique, qui était exercée par les privilégiés,
au moyen d'une autre action, il s'est trouvé que
les institutions qu'elle avait eu l'intention de supprimer, n'ont été que suspendues.

La convention s'est aperçue de la faute commise
par l'assemblée constituante ; elle a voulu la réparer, mais elle a employé un mauvais moyen. Elle
a senti qu'il fallait remplacer les institutions du
clergé, de la noblesse et de l'ordre judiciaire par
d'autres institutions ; mais au lieu de leur substituer des institutions plus en rapport avec l'état des
lumières et de la civilisation, elle a tenté de faire
revivre les institutions des Romains qui étaient

encore infiniment plus en arrière de la civilisation actuelle, que celles de la féodalité.

Voilà, Monsieur, les principales fautes qui ont été commises dans les trois plus importantes attaques qui aient été dirigées contre les institutions du clergé, de la noblesse et de l'ordre judiciaire.

Le seul moyen d'anéantir ces institutions consiste à les remplacer par d'autres plus en rapport avec l'état des connaissances acquises, et des habitudes contractées.

C'est une nouvelle doctrine qu'il faut organiser: l'ancienne avait fondé la morale sur des croyances; la nouvelle doit lui donner pour base la démonstration, que tout ce qui est utile à l'espèce est utile aux individus, et réciproquement que tout ce qui est utile à l'individu, l'est aussi à l'espèce; et le nouveau code de morale doit se composer des applications de ce principe général à tous les cas particuliers.

L'ancienne doctrine avait constitué la société dans l'intérêt des gouvernans; la nouvelle doit combiner l'association dans l'intérêt de la majorité des associés. L'ancienne doctrine avait principalement chargé les gouvernans de commander; la nouvelle doit leur donner pour principale fonction de bien administrer, et elle doit par conséquent appeler la classe des citoyens la plus capable en administration, à diriger les affaires publiques.

L'ancienne doctrine avait primitivement constitué l'ordre judiciaire pour exploiter une branche
des revenus seigneuriaux ; la nouvelle doit établir
que la principale fonction des juges consiste à concilier les parties.

Enfin, l'ancien code civil a eu pour objet de
fixer, le plus possible, les propriétés dans les mains
des familles qui les possédaient, et le nouveau doit
se proposer le but absolument opposé, celui de faciliter à tous ceux dont les travaux sont utiles à la
société, les moyens de devenir propriétaires.

Monsieur, en résultat final de la marche de la
civilisation jusqu'à ce jour, les institutions du
clergé, de la noblesse et de l'ordre judiciaire se
trouvent soumises à l'examen de la philosophie
positive : elles ne sortiront de ses mains que ré-
duites en poussière. La philosophie positive imposera silence à l'avocacerie en politique ; elle inves-
tira la puissance industrielle de tous les pouvoirs
que les institutions théologiques et féodales ont
exercés, et dont la conservation pourra être utile
au maintien de l'ordre ; elle reléguera ces vieilles
institutions dans le passé politique terminé ; elles
y figureront de même que la division des Lacédé-
moniens en Spartiates et en Ilotes, de même que
celle des Romains en patriciens et plébéiens, de
même enfin que celle de notre nation en Francs et
en Gaulois.

L'Observateur. Votre langage, Monsieur, est ridicule ou sublime : nous verrons plus tard laquelle de ces deux épithètes lui convient le mieux.

Je persiste, malgré tout ce que vous venez de me dire, dans l'opinion que vous ne serez pas en état de réfuter mon objection finale : à demain donc nos grands débats.

Réponse. Je suis révolté du sang-froid que vous conservez dans un moment où vous devriez être transporté de joie. Quoi! la nation ainsi que le Roi se trouvent complétement égarés dans les vastes domaines de la politique! tout le monde a perdu de vue le but philosophique vers lequel l'esprit humain doit se diriger, ainsi que la route de la civilisation ; personne ne reconnaît plus ni d'où la société vient, ni comment elle a pu arriver où elle se trouve, ni ce qu'elle deviendra ; le char de l'état est embourbé jusqu'aux essieux. — Dans une circonstance aussi critique pour les gouvernans ainsi que pour les gouvernés, je trouve le fil d'Ariane ; je vous le présente, et vous vous mettez gravement à examiner si ce que je vous dis est ridicule ou sublime. Ce que je vous dis, Monsieur, est utile ; voilà ce dont je suis certain, et je me soucie fort peu du reste.

Je suis décidé à fixer vôtre attention aujourd'hui même, et avant que nous nous séparions, sur la manière dont je coordonne les faits politiques les plus marquans qui sont arrivés depuis l'époque où les encyclopédistes ont publié leur opinion sur l'organisation sociale.

Les encyclopédistes ont eu pour principal chef Diderot, qui était essentiellement artiste et littérateur. Les plus ardens d'entre eux, ceux qui ont exercé la plus grande influence sur le travail, étaient aussi des littérateurs; de là il devait résulter et il est résulté en effet que l'Encyclopédie n'a été qu'un travail très superficiel.

Si l'Encyclopédie avait été faite par des savans positifs, si d'Alembert en avait été le directeur en chef, s'il avait eu pour principaux collaborateurs ses collègues de l'Académie des Sciences, il n'y a pas de doute que ces auteurs auraient appliqué à ce travail la méthode qu'ils employaient journellement dans les sciences positives qu'ils cultivaient; il n'y a pas de doute qu'en tête de toutes les parties de cet ouvrage ils auraient présenté des observations sur la marche de l'esprit humain (1), et ils auraient démontré, par ce moyen, que les institutions alors existantes étaient en arrière de l'état des lumières; il n'y a pas de doute qu'ils auraient en-

***

(1) C'est ainsi qu'a procédé d'Alembert, dans le discours préliminaire, qui est incontestablement ce qu'il y a de meilleur dans l'Encyclopédie, et la seule partie dont le caractère soit vraiment encyclopédique.

suite fait connaître les institutions qui conve-
naient à l'état de la civilisation, et qui seraient les
plus propres à accélérer ses progrès; il n'y a pas
de doute enfin qu'ils auraient terminé ce tableau,
en traçant la marche à suivre et les moyens à employer pour opérer la transition du régime théologique, féodal et judiciaire, au régime industriel:
par ce moyen, la révolution se serait faite sans inconvénient majeur; elle aurait nécessairement toujours occasionné quelques contrariétés à ceux qui
jouissaient des abus qu'on aurait réformés; mais
il n'y aurait point eu de sang versé, et les réformes
se seraient opérées avec une sage lenteur.

Ceux qui ont dirigé les travaux encyclopédiques
ont suivi une marche très différente; je pourrais
presque dire absolument contraire. Ils ont agi en
véritables étourdis; ils ont discrédité le clergé, la
noblesse et l'ordre judiciaire, sans prendre la peine
d'indiquer les institutions qui devaient remplacer
celles contre lesquelles ils dirigeaient l'opinion publique; ils ont exaspéré le peuple contre les prêtres,
contre les nobles et contre les juges, en présentant
ces fonctionnaires publics comme ayant à toutes les
époques retardé les progrès de l'esprit humain, ce
qui est absolument faux. Voilà, Monsieur, quelle
a été la véritable origine des malheurs qui sont
arrivés pendant la révolution.

En un mot, c'est principalement à la direction

vicieuse suivie par les encyclopédistes, dans leurs travaux, qu'on doit attribuer l'insurrection qui a éclaté en 1789, ainsi que le caractère sanguinaire que la révolution a pris dès son origine.

L'assemblée constituante aurait pu réparer les fautes commises par les encyclopédistes; mais elle a empiré l'état des choses, au lieu de remédier au mal qui avait été fait.

Cette assemblée aurait dû commencer par établir en France la constitution anglaise, parce que cette constitution était intermédiaire entre le régime féodal et le régime industriel; parce que l'expérience avait prouvé que cette organisation était beaucoup plus avantageuse à une nation que le système féodal, puisque le peuple anglais avait infiniment plus prospéré que les autres peuples européens qui avaient conservé leurs anciens usages. L'assemblée constituante aurait dû déclarer en même temps que le système politique anglais qu'elle donnait à la France n'était qu'un régime provisoire, qu'un moyen de transition pour passer sans secousses du régime féodal au régime industriel. Enfin elle aurait dû prendre les plus grandes précautions pour donner une grande solidité à la royauté constitutionnelle, car cette institution est tout-à-fait moderne; elle est le produit le plus récent des connaissances acquises en politique : elle doit donc servir de base au nouveau système.

10*

Cette assemblée a suivi une marche tout-à-fait différente ; les députés qui la composaient n'ont montré aucune capacité comme législateurs ; ils se sont presque entièrement bornés à reproduire dans leurs discours les idées qui avaient été émises, les critiques du dix-huitième siècle ; elle a commis la faute de discréditer sans précaution et sans mesure le clergé, la noblesse et l'ordre judiciaire, et la faute bien plus grande encore d'avilir la royauté, et de la mettre dans l'impossibilité d'exercer ses utiles fonctions.

Aussi l'attaque directe contre le Roi a suivi, presque immédiatement, l'instant où cette assemblée a déclaré que ses travaux étaient terminés, et le Roi ne tarda pas à périr victime d'erreurs réciproques.

Les législateurs qui remplacèrent l'assemblée constituante commirent une faute bien plus grave encore, ils anéantirent la royauté.

Toutes les institutions politiques qui existaient avant la révolution, se trouvèrent alors complétement anéanties ; le sol se trouvait entièrement ras ; le nouvel édifice pouvait être construit d'après le plan que les législateurs voudraient choisir ; et, chose incroyable, la convention, au lieu de s'efforcer de se montrer supérieure aux législateurs qui l'avaient précédée en formant de nouvelles institutions, a cherché, dans les ébauches sociales des peuples de l'antiquité, une forme de gouvernement pour la nation française, c'est-à-dire pour celle de toutes les nations modernes qui avait fait les plus grands progrès en civilisation !

Les gouvernemens qui ont succédé à la convention ont roulé dans le cercle vicieux où elle était entrée ; et la nation française n'a secoué la poussière de l'antiquité qu'à l'époque de l'abolition du tribunat et du consulat.

Un général qui joignait la ruse à l'audace, s'est alors emparé de la révolution ; il n'y avait plus d'opinion publique, il conçut le projet hardi d'en créer une, le projet vicieux d'en constituer une contraire aux intérêts de la société. Son but était de rétablir l'arbitraire ; pour déterminer la nation à le supporter, il lui a procuré la jouissance de l'exercer sur ses voisins ; il a rendu la nation française conquérante ; il l'a déterminée à s'occuper d'établir sa domination sur les autres peuples : par ce moyen, elle ne s'est pas aperçue qu'elle était conquise dans la proportion des conquêtes qu'elle faisait ; elle a accepté le titre de grande nation ; et elle a consenti en même temps à supporter ceux de prince archi-chancelier, de prince archi-trésorier, et ceux en grand nombre de duc, de comte et de baron.

Est arrivée à la fin la réaction générale de l'Europe contre la France ; cette réaction était inévitable ; elle a forcé les Français à rentrer dans leurs

anciennes limites; ils ont été dépouillés de leur titre
de grande nation, et les titres de prince, de duc,
de comte et de baron ont continué à subsister; l'arbitraire qu'elle avait exercé a disparu, et elle est
rentrée sous le joug du clergé, de la noblesse et
de l'ordre judiciaire.

Le Roi est remonté sur le trône; il a donné à la
France la constitution anglaise : c'est certainement
un pas utile qui a été fait; mais les avantages qui
devaient résulter de cette mesure ont été, jusqu'à
présent, annullés par le mauvais usage que les ministres ont fait du pouvoir royal.

La réorganisation de la nation française s'opérant cent cinquante ans après celle de la nation anglaise, l'action du gouvernement français doit être,
dans cette réorganisation, beaucoup plus limitée que
ne l'a été celle du gouvernement anglais, puisque
l'arbitraire doit toujours diminuer en proportion
du degré d'accroissement des lumières qui font de
continuels progrès. Cela est évident; et cependant
le ministère a infiniment plus travaillé à faire une
application de la Charte, utile et agréable aux privilégiés qu'aux non privilégiés qui forment le corps
de la nation.

Enfin, Monsieur, en résultat d'une révolution
qui dure déjà depuis plus de trente années, voici
l'état des choses.

D'une part, le gouvernement travaille à rétablir

le clergé, la noblesse et l'ordre judiciaire; il perd de vue le principe, que les institutions politiques ont une force qui est toujours proportionnée aux services qu'elles rendent à la majorité de la société, et que le clergé, la noblesse et l'ordre judiciaire n'étant plus d'aucune utilité à la classe la plus nombreuse, ces institutions ne peuvent plus jouir d'aucun pouvoir durable.

D'un autre côté, les Français non privilégiés, et particulièrement ceux d'entre eux qui, étant les plus pauvres, supportent le plus les inconvéniens de l'arbitraire et du gaspillage des deniers publics, qui ont été pervertis par Bonaparte, ont perdu de vue, qu'on a d'autant plus de force pour s'opposer à l'arbitraire, qu'on est plus complétement dépouillé du désir de dominer. Ils regrettent leur titre de grande nation; ils regrettent surtout le monopole qu'ils ont exercé sur l'Europe; ce qui fait qu'ils se trouvent très peu de moyens pour s'opposer aux tentatives que les anciens privilégiés font pour se reconstituer.

En un mot, Monsieur, ni les gouvernans, ni les gouvernés ne sont dans la disposition d'esprit convenable pour terminer la révolution. En commençant l'organisation d'un régime social solide, j'ai reçu la mission de fixer leur attention sur les principes qui doivent guider leur conduite politique : je la remplirai.

L'Observateur. Je vous déclare positivement, Monsieur, que je ne me livrerai point à l'examen général de la question, avant que vous ayez répondu à une dernière objection. Elle est relative à la royauté. Notre scène d'aujourd'hui ayant été suffisamment longue pour nos lecteurs, ainsi que pour nous, je me retire. A demain les grands débats.

MESSIEURS,

Vous ne pouvez rien faire d'important en politique sans le secours de la philosophie; et les philosophes ne pourraient point améliorer le sort de l'espèce humaine, s'ils étaient privés de votre appui. Je vais faire un appel général aux philosophes; je vais développer avec eux, et en votre faveur, les plus grands moyens philosophiques. Soutenez-nous, et dans peu de temps les pouvoirs politiques sortiront définitivement des mains du clergé, de la noblesse et de l'ordre judiciaire, pour entrer dans les vôtres; dans peu de temps le Roi vous confiera le soin de faire le budget.

Messieurs, l'établissement du régime industriel exige de votre part quelques avances pécuniaires; c'est de toutes les spéculations la plus avantageuse que vous puissiez faire. Messieurs, il faut de l'argent pour établir cette correspondance philosophique avec tous les cultivateurs, tous les fabricans et tous les négocians de France qui ont quelque im-

portance ; il en faut aussi pour déterminer des savans choisis parmi ceux de la capacité la plus positive et la plus étendue, à s'occuper de ce travail ;
c'est bien certainement et bien évidemment l'intérêt du gouvernement de protéger cette entreprise ; mais nous ne devons pas espérer qu'il le
fasse : le ministère n'est point composé d'hommes
assez éclairés pour sentir l'utilité de ces vues philosophiques. Au surplus, le seul moyen de le déterminer à y porter quelque intérêt, est de lui
prouver qu'elles ne vous sont pas indifférentes.

Messieurs, jusqu'à ce jour, vos intérêts n'ont
été défendus que par des avocats ou par des métaphysiciens ; il en résulte qu'ils ont été mal défendus. D'abord, par la raison que ces *intellectuels* ne
sont point personnellement intéressés à faire valoir
vos droits politiques ; toute la considération et l'importance qu'ils pourraient vous faire acquérir di-
minuerait d'autant celle dont jouissent leurs pro-
fessions ; ensuite ils n'ont pas la capacité suffisante
pour établir un nouveau système philosophique.
Sûrement il vous faut des théoriciens ; mais vous
devez employer ceux auxquels vous avez reconnu
la capacité intellectuelle la plus positive. Or, je
vous demande si, quand vous avez besoin de conseils, c'est à des avocats ou à des littérateurs que
vous vous adressez : certainement non ; les géomètres, les physiciens, les chimistes, les physio-

logistes sont ceux auxquels vous demandez ces
moyens de perfectionner vos procédés : ils sont ,
Messieurs, de tous les hommes livrés à des travaux d'intelligence pure, les seuls qui connaissent
bien vos droits ainsi que vos intérêts; chargez-les de
s'occuper de vos affaires générales; donnez-leur les
moyens de les suivre, et vous aurez promptement
atteint le but que vous vous proposez, celui de régler les dépenses publiques, puisque vous les payez.

Enfin, Messieurs, je fais une double proposi-
tion; d'une part, j'invite les *intellectuels* positifs à
s'unir et à combiner leurs forces pour faire une
attaque générale et définitive aux préjugés , en
commençant l'organisation du système industriel;
d'une autre part, je demande aux industriels, qui
sont les plus riches et les plus positifs, de se coa-
liser pour donner les moyens à leurs *intellectuels*
de faire et de publier le travail scientifique dont ils
ont besoin.

Messieurs, les plus grandes difficultés sont sur-
montées, grâce à mon zèle pour le service de l'industrie. D'une part , le travail est commencé; de
l'autre, la correspondance est établie.

Messieurs, songez que l'Europe vous regarde ;
songez que les Anglais, que les Espagnols, que
les Portugais et que les Napolitains, plus encore
que les autres, ont les yeux fixés sur vous; songez que ces peuples, moins éclairés que vous ,

attendent que les Français, qui sont *intellectuels* ou *industriels* positifs, leur montrent l'exemple et leur servent de guides, pour chez eux constituer le régime industriel.

J'ai l'honneur d'être, Messieurs,

Votre très humble et très
obéissant serviteur.

POST SCRIPTUM.

Il y a, Messieurs, des hommes qui rendent de grands services aux inventeurs ainsi qu'au public; ce sont les *vulgarisateurs* : les inventeurs ainsi que le public ne sauraient trop les encourager. Voltaire fait connaître les idées critiques de Bayle. M. Guizot vient de populariser les observations que j'avais publiées, dans *l'Organisateur*, relativement à la division de notre nation en deux peuples, relativement aussi à l'alliance de la royauté avec les Gaulois, et relativement à la faute commise par Louis XIV d'avoir abandonné les Gaulois pour s'allier de nouveau avec les Francs.

Je prie M. Guizot de recevoir mes sincères remercîmens; je l'invite à lire cette Lettre avec attention. Il est très désirable pour le public, ainsi que pour moi, qu'il s'approprie son contenu aussi complétement que mes premières idées sur la marche de la royauté en France.

~~~~~~

LETTRE D'ENVOI.

A MESSIEURS LES INDUSTRIELS.

MESSIEURS,

Je vous ai présenté dans ma dernière brochure les mesures qui doivent être prises pour terminer la révolution, en commençant l'établissement du régime industriel. Mes idées ont été généralement approuvées des industriels dont j'ai pu recueillir l'opinion. Mais leur nouveauté a trop étonné les esprits pour qu'il me soit possible d'espérer que sans d'autres travaux de ma part, je déterminerai ce sentiment de conviction nécessaire pour former chez un nombre suffisant d'industriels une opinion politique, active, propre à provoquer et à coordonner dans le grand corps de l'industrie les efforts indispensables pour amener le commencement d'organisation du régime le plus favorable à la culture, au commerce et à la fabrication. J'ai donc senti le besoin de familiariser les esprits avec mes principes généraux, en leur en montrant l'application à toutes les questions politiques qui intéressent les industriels. Ce sera l'objet d'une série de travaux, dans lesquels je présenterai mon idée générale sous des points de vue particuliers, nombreux et variés, en me bornant toutefois, pour chacun d'eux, aux aperçus les plus importans.

Mais avant de vous faire part de ces travaux, j'ai cru devoir m'attacher par-dessus tout à remplir une condition préliminaire, que je regarde comme tout-à-fait capitale. J'ai pensé que la première chose à faire pour les industriels est de tranquilliser la dynastie des Bourbons sur leurs dispositions à son égard.

Considérez, en effet, Messieurs, que si vous aviez quelque inquiétude un peu fondée sur la sûreté de votre existence sociale, vous ne vous occuperiez, sans doute, que de faire cesser cette inquiétude jusqu'à ce que vous en fussiez venus à bout. Pourquoi voudriez-vous donc que les Bourbons, auxquels leur éducation et leurs habitudes ont dû certainement donner moins de fermeté qu'à vous, fussent plus désintéressés ? Ne serait-il pas tout-à fait déraisonnable de votre part, de leur demander qu'ils s'occupent de l'amélioration de votre sort, pendant qu'ils regardent le leur comme incertain, et avec raison ? Rassurez - les sur la conservation de la royauté dans leur dynastie ; faites que tout leur temps et tous leurs moyens ne soient pas employés à contenir les tentatives turbulentes des ambitieux, et alors vous pourrez réclamer d'eux, sans injustice, les premières mesures nécessaires pour travailler à la formation du régime industriel.

Il dépend entièrement de vous, Messieurs, de leur procurer et de leur garantir cette tranquillité, car vous êtes, par le genre de vos occupations, par votre capacité et par l'influence qui en dérive, les véritables chefs temporels de la nation. Le besoin de cette garantie est presque aussi urgent pour vous, Messieurs, que pour les Bourbons eux-mêmes; car, je le répète, vous ne pourrez rien entreprendre d'utile, tant qu'elle n'existera pas.

N'oubliez point que ce n'est qu'en vous liant avec la royauté, que vous pouvez ouvrir promptement la belle carrière politique, réservée par la marche de la civilisation aux industriels français du dix-neuvième siècle.

En conséquence des motifs précédens, le premier travail que j'ai l'honneur de vous adresser a pour objet les Bourbons.

J'ai l'honneur d'être,

MESSIEURS,

Votre très humble et très
obéissant serviteur.

LETTRES SUR LES BOURBONS

ADRESSÉES

AU ROI ET AUX INDUSTRIELS.

PREMIÈRE LETTRE,

SERVANT D'INTRODUCTION.

AU ROI.

SIRE,

En analysant dans ma dernière brochure l'état politique actuel, je crois avoir démontré que les industriels sont aujourd'hui les seuls appuis solides de la royauté, et qu'en conséquence, le plan politique invariable de votre dynastie doit avoir pour objet une ligue intime avec eux, mise en activité le plus promptement possible. Mais quelque invincible, quelque urgente que soit la nécessité de suivre franchement et exclusivement ce système de conduite, on ne peut se dissimuler que son adoption ne doive éprouver d'abord de grandes difficultés. C'est sur elles que j'oserai maintenant appeler l'attention de Votre Majesté.

Si les obstacles à la coalition indispensable de la royauté et de l'industrie ne venaient point de ces deux pouvoirs eux-mêmes, ils ne pourraient provenir que de la résistance de l'ancienne féodalité ou de celle de la féodalité de Bonaparte, qui ont effectivement l'une et l'autre le plus grand intérêt à empêcher une liaison dont l'effet immédiat serait d'ôter pour jamais aux deux classes de factieux toute chance de succès. Mais comme les deux féodalités n'ont aucune force qui leur soit propre, que toute celle qu'on leur suppose est uniquement d'emprunt, et tient à l'influence qu'elles exercent, l'ancienne sur la royauté, et la nouvelle sur les industriels, il s'ensuit qu'en dernière analyse ces obstacles résident véritablement dans le pouvoir royal et dans le pouvoir industriel. Les difficultés ne sont donc point extérieures, mais intérieures. Elles ne peuvent évidemment tenir qu'aux mauvaises habitudes et aux préjugés contractés de part et d'autre, puisque l'intérêt réel des deux parties exige impérieusement la coalition proposée. Par conséquent, en supposant acquise la conviction de cet intérêt mutuel, il suffira d'une volonté ferme d'une part ou de l'autre pour détruire ces causes de discorde quand une fois elles auront été signalées. C'est le but que je me propose dans cet écrit.

Comme le pouvoir royal est, par sa position, ha-
bitué à voir les choses de plus haut, qu'il peut d'ailleurs déterminer directement et en très peu de
temps sa coalition avec les industriels, c'est à
Votre Majesté que je prends la liberté de m'adresser
en premier lieu. Je m'exprimerai avec une entière
franchise ; je présenterai la vérité toute nue, ainsi
qu'il convient à tout homme loyal qui n'a point
d'arrière-pensée à cacher, et qui se confie dans la
pureté de ses intentions.

Sire, l'obstacle principal à l'établissement d'une
coalition entre la royauté et les industriels, consiste, de la part de ceux-ci, dans une prévention
contre votre dynastie, que la féodalité de Bonaparte
est parvenue à faire naître et à enraciner chez la
plupart des industriels ayant une opinion politique,
et qui les porterait, non sans doute à entreprendre
ou seulement à favoriser les tentatives pour placer
la royauté en d'autres mains, ce qui est contre les
habitudes des industriels, mais à ne point s'y opposer, et peut-être à les approuver. L'objet direct
de cet écrit est de combattre cette funeste prévention, par l'examen de tous les motifs qu'on peut
lui supposer. L'objet spécial de cette première
Lettre est de soumettre à Votre Majesté quelques
considérations sur ce fait, malheureusement incontestable.

Les gens sensés ont observé depuis long-temps

que toute discorde un peu prolongée signifie que
le tort est des deux côtés. C'est une lâche et fausse
politique celle qui tend à représenter à Votre Majesté la partie active et productrice de la population
française, c'est-à-dire les industriels, comme une
foule d'insensés aimant par goût le désordre, dupes
aveugles d'une poignée d'intrigans qui aspirent à
renverser votre dynastie; et, d'un autre côté, la
royauté comme ne s'étant jamais trompée, comme
ne se trompant jamais, comme ne pouvant jamais
se tromper. Non, Sire, il n'en est point ainsi. Sans
doute, la prévention existante contre la dynastie
des Bourbons n'est point suffisamment fondée; sans
doute, la féodalité napoléonienne exerce sur l'opinion des industriels une trop grande influence. Mais
à quoi tient cette influence? quelle est la source de
cette prévention? N'est-ce point évidemment à la direction rétrograde plus ou moins fortement prononcée suivie depuis la restauration par le pouvoir royal
qu'il faut attribuer tout cela? Si l'on peut reprocher,
avec raison, aux industriels de se laisser influencer
par la noblesse de Bonaparte, ne peut-on pas, avec
autant de raison, reprocher à la royauté de se laisser
dominer par l'ancienne noblesse? C'est là ce qui a
fait réussir, au 20 mars, comme par enchantement,
les projets des bonapartistes; c'est là ce qui leur
aurait procuré un second succès depuis long-temps,
sans la crainte d'une nouvelle invasion, crainte qui

ne saurait être éternelle. Oui , Sire , je dois avoir le courage de le dire , et Votre Majesté doit avoir la fermeté encore plus grande de se l'avouer ; les torts ont été et sont encore réciproques. L'incertitude d'atteindre le but réel et final de la révolution , qui n'est autre que l'établissement du régime industriel ; l'inquiétude du retour à l'ancien ordre de choses , ont été et sont encore les seuls alimens de l'influence que la nouvelle féodalité a tenté d'exercer depuis la restauration , qu'elle est parvenue à exercer, et qu'elle exerce encore sur l'opinion politique des industriels. Quels sentimens inspiraient les hommes de Bonaparte à la masse de la nation, en 1814 ? La haine et la défiance la plus prononcée. Quels sentimens inspirait alors la dynastie des Bourbons ? L'attachement et la confiance. Qui a retourné cet état de choses ? La faute des uns , et l'adresse des autres. C'est une conclusion qu'il faut bien reconnaître , à moins de nier un fait évident , ou de créer un miracle pour l'expliquer.

C'est bien vainement qu'on ferait craindre à Votre Majesté l'influence hostile de la féodalité de Bonaparte, pour la détourner d'abandonner à elle-même l'ancienne noblesse , et de lier la cause royale à celle des industriels. Oui, cette influence est redoutable ; oui, elle est , il faut le dire, irrésistible , tant qu'on voudra la combattre sans s'occuper d'en tarir la source. Mais elle s'évanouirait comme une ombre, à l'instant où la royauté se liguerait franchement et irrévocablement avec les industriels. C'est le seul moyen de salut durable pour votre dynastie ; mais il est d'un succès certain.

On peut faire en peu de mots l'histoire politique des deux noblesses dans ces derniers temps.

La royauté et l'industrie sont depuis long-temps, en France, les deux seules forces politiques réelles, sous le rapport temporel : toutes les autres existences relèvent d'elles ; les forces propres des deux féodalités sont, l'une morte, et l'autre mort-née ; elles ne peuvent vivre que d'emprunt. Elles avaient vécu ensemble au service de la royauté sous la domination de Bonaparte, qui rendait la popularité trop périlleuse. A la restauration, elles se sont séparées, et chacune d'elles a choisi le rôle qui lui convenait naturellement. L'une, reprenant l'espoir qu'elle avait perdu de recouvrer ses biens et ses priviléges, s'est sentie tout à coup transportée d'amour pour une dynastie qu'elle avait presque oubliée pendant quinze ans : l'autre, trouvant la place prise autour du trône, et, d'ailleurs, n'espérant pas supplanter sa rivale auprès de la royauté, s'est constituée subitement l'avocat d'une nation qu'elle avait opprimée en sous-ordre pendant la même période. Chacune de ces deux classes parasites exploite à son profit la force politique à laquelle elle s'est attachée. Le pouvoir royal et le pouvoir industriel en souffrent également. Leurs rapports, qui devraient être directs pour leur commun avantage, n'ont lieu que par ces deux fâcheux intermédiaires. Il est donc de la plus haute importance, pour la royauté et pour les industriels, de se dégager respectivement de ces entraves. Mais, pour qu'une telle séparation puisse se faire avec fruit, il faut de toute nécessité qu'elle soit réciproque.

Les industriels prêteront l'oreille aux instigations de la nouvelle noblesse tant que la royauté se laissera diriger par les conseils de l'ancienne.

La suppression d'un seul des deux intermédiaires serait absolument insuffisante. Les rapports mutuels n'en resteraient guère moins entravés. Cette observation, que je soumets à Votre Majesté, je la présenterai pareillement aux industriels. Que le rapprochement s'opère donc par les deux côtés. Au reste, l'exemple que la royauté pourrait donner, relativement à l'ancienne féodalité, serait très aisément suivi par les industriels, relativement à la nouvelle; car ils tiennent beaucoup moins à celle-ci que la royauté ne tient à l'autre.

L'ancienne noblesse, recourant à son unique moyen de conservation, qui consiste à représenter sa déchéance personnelle comme étant celle de la royauté, s'efforcera de persuader à Votre Majesté que l'abandonner, pour faire cause commune avec les industriels, c'est consentir à la diminution de son pouvoir, et renoncer de fait à la légitimité et au caractère divin que la royauté a eu jusqu'à ce jour.

Cette observation est essentielle à examiner, afin de caractériser nettement, et en peu de mots, le changement que la royauté doit opérer dans son système politique.

Il est certain, et j'aurais tort de le déguiser, qu'une ligue avec les industriels aura pour objet et pour résultat de changer le caractère politique de la royauté. Mais après être convenu de ce point, il reste à savoir si ce changement est évitable, et si, d'ailleurs, il a réellement pour la royauté l'importance qu'on y attache. Or, je crois avoir pleinement démontré, dans mon dernier écrit, l'inévitable nécessité de ce changement, amené par la marche irrésistible de la civilisation : il ne reste donc plus qu'à en apprécier l'importance réelle.

D'abord, il est incontestable que le caractère de la royauté a subi de grandes modifications, et qu'elle ne s'en est pas plus mal trouvée : toute l'histoire le prouve. Elle a commencé par être une institution purement féodale ; mais elle s'est ensuite imprégnée peu à peu, et toujours de plus en plus, du caractère communal ou industriel ; et, dans ses modifications successives, son pouvoir réel a toujours été en augmentant, bien loin de diminuer. Aujourd'hui, le caractère féodal doit s'effacer complétement, et la royauté doit devenir entièrement communale. En un mot, le Roi, au lieu d'être le chef des gentilshommes de son royaume, doit devenir le chef des industriels. Je demande si c'est là une perte réelle, à l'époque où la gentilhommerie n'est rien, et où l'industrie est tout.

Ainsi, quant à la diminution de son pouvoir, Votre Majesté n'a rien à redouter de la ligue avec les industriels. A la vérité, il pourrait lui rester naturellement quelque inquiétude relativement à l'idée de la royauté *par la grâce de Dieu*, dont Votre Majesté pourrait craindre qu'un tel changement dans son plan de conduite n'exigeât le sacrifice absolu. Mais cette seconde crainte ne serait pas plus fondée que la première.

Les industriels ne tiennent nullement aux formes; ils n'attachent d'importance qu'au fond des choses. Tout ce qu'ils demandent, c'est que la royauté se combine avec eux d'une manière franche et irrévocable : cette condition fondamentale une fois remplie, ils sont bien éloignés de vouloir que la royauté renonce à ses formes habituelles. Seulement, l'intérêt particulier du pouvoir royal exige qu'il ne se fasse point illusion à cet égard, en attachant à ces formes plus de valeur qu'elles n'en ont en effet. L'idée de la royauté *par la grâce de Dieu* étant directement fondée sur les croyances religieuses, ne peut plus conserver aucune force, à une époque où ces croyances elles-mêmes perdent, ou plutôt ont perdu presque tout leur empire, et où le peu d'influence qui leur reste tend à se dissiper sans retour. Ainsi, cette doctrine ne doit être considérée actuellement par la royauté que comme un protocole qui n'a plus de valeur réelle. Il serait très fâcheux que le pouvoir royal méconnût, sous ce rapport, le véritable état des choses. Il est de la plus haute importance pour ses intérêts, de revenir de l'erreur extrêmement grave dans laquelle l'ont entraîné ses inhabiles conseillers, lors de la restauration de Votre Majesté, en lui représentant cette doctrine comme jouissant d'une très grande influence, comme étant la base morale la plus solide de l'autorité royale. Cette fausse manière de voir est un véritable cercle vicieux en politique, puisque, depuis 1814, la royauté emploie une grande partie de ses forces à défendre, et sans aucun succès réel, cette même doctrine qu'on voudrait lui faire envisager comme un appui pour elle. Voilà le fait incontestable sur lequel il importe éminemment à la royauté d'ouvrir les yeux le plus promptement possible, afin de ne pas se méprendre sur ses véritables soutiens.

Le pouvoir royal ne saurait donc reconnaître trop tôt que l'alliance des industriels est aujourd'hui d'une bien autre importance pour lui que *la grâce de Dieu*. Mais, du reste, quand une fois il aura

rectifié ses idées sur la valeur réelle de ce protocole, il ne devra nullement redouter que les industriels veuillent l'engager à y renoncer; car les industriels ne demandent point que cette forme soit
changée; ils désirent seulement que la royauté ne
s'obstine pas à considérer comme une force ce qui
a cessé d'en être une.

On craint peut-être qu'en ne faisant plus aucun
effort pour rétablir l'influence de l'idée du *Roi par
la grâce de Dieu*, elle ne soit remplacée par celle
de la souveraineté du peuple. Cette crainte est naturelle; mais elle est tout-à-fait chimérique. Un
instant d'attention suffira pour s'en convaincre.

La légitimité, telle qu'on l'entend, n'existe comme
doctrine systématique et régulière que depuis la
réforme de Luther. Le clergé, pour se conserver
une existence politique qui venait d'être fortement
ébranlée, consentit à se subalterniser vis-à-vis de la
royauté, et lui fit présent de ce dogme pour s'assurer sa bienveillance. Avant cette époque, il était
bien question du *par la grâce de Dieu;* mais il
n'avait pas ce haut caractère religieux, et surtout
cette importance qu'il eut depuis, puisque les rois
y mêlaient assez indifféremment le *et par la force
de mon épée.* Or, il est très remarquable que le
fameux dogme de la souveraineté du peuple sinon
fut inventé, du moins commença à prendre du
crédit, en Hollande, vers le même temps. Si l'on

suit d'un coup d'œil les progrès de ces deux dogmes, on les verra constamment marcher de front.
Un rapport aussi permanent indique entre eux une
beaucoup plus grande connexion qu'on ne le suppose communément. Et, en effet, il n'est pas difficile de reconnaître qu'ils sont étroitement liés ensemble, ou, pour mieux dire, qu'ils sont faits l'un
contre l'autre.

Pour peu qu'on y réfléchisse, on sentira que ces
deux dogmes n'ont d'existence réelle que par opposition l'un à l'autre. Le sens vulgaire attaché à
l'expression *souveraineté du peuple*, et même le
seul sens clair qu'on puisse lui attacher, est *souveraineté par la volonté du peuple*, puisque le peuple
sent très bien, excepté dans des momens de délire
d'une très courte durée, qu'il n'a pas le loisir d'être
souverain. Or, comme il est admis que cette volonté n'est point déterminée par des conditions
fixes, puisées dans l'intérêt du peuple, et qu'elle
est très indépendante du mérite du souverain, il
s'ensuit que l'expression *souveraineté par la volonté du peuple* ne signifie rien que par opposition
à *souveraineté par la grâce de Dieu*. Elle ne désigne qu'une simple formalité à remplir envers le
peuple ou ses représentans, après laquelle tout est
fini, savoir, la demande de son consentement; c'est
donc dans cette demande que tout consiste, et,
par conséquent, on ne peut voir là qu'une critique

de l'idée *par la grâce de Dieu*, laquelle ne signifie réellement que l'indépendance du consentement du peuple. Ces deux dogmes antagonistes n'ont donc qu'une existence réciproque. Ils sont les restes de la longue guerre métaphysique qui a eu lieu dans toute l'Europe occidentale, depuis la réforme, contre les principes politiques du régime féodal. On est obligé, à la guerre, d'avoir des armes de même portée que celles de son adversaire. Une abstraction a donc dû provoquer une autre abstraction. La métaphysique du clergé a mis en jeu la métaphysique des légistes destinée à lutter contre elle. Mais cette lutte est aujourd'hui terminée.

Il suit de ce qui précède, que le plus sur moyen, on pourrait même dire le seul, de donner du crédit et de l'activité au dogme de la souveraineté du peuple, est de faire des efforts pour rajeunir celui de la souveraineté par la grâce de Dieu. Il s'ensuit également que le premier tombera de lui-même comme n'ayant plus d'objet, aussitôt qu'on ne parlera plus du second.

Votre Majesté n'a donc rien à redouter relativement à la restauration du dogme de la souveraineté du peuple de la part des industriels. Au contraire, les industriels, qui ne font de la métaphysique pas plus à la manière des légistes qu'à la manière du clergé, mettront pour jamais de côté ce genre de discussions comme ne pouvant mener à rien d'utile, aussitôt qu'ils entreront en activité politique.

D'ailleurs le seul mal réel qui pourrait résulter de la restauration de ce dogme, si elle était possible, serait des tentatives pour faire participer au pouvoir la masse du peuple. Or, sous ce rapport, il ne saurait y avoir le moindre motif de crainte ; les chefs industriels sont, de tous, ceux qui redoutent le plus le désordre, comme étant ceux auxquels il cause le plus de dommages, et en second lieu, ils ont tous les moyens imaginables pour l'empêcher, comme étant les chefs naturels et permanens du peuple.

Le maintien de la tranquillité est dû entièrement à leur influence sur le peuple, influence à la vérité peu sensible pour des observateurs inattentifs, mais sûre et continue. Enfin, la masse du peuple, comme étant industrielle, est éminemment portée à l'ordre ; il faut de grands efforts pour l'en détourner, et ces efforts ne seront jamais faits par les industriels. Dans aucun temps, et l'exemple même de la révolution française le prouve, le peuple n'est entraîné au désordre que lorsqu'il quitte ses chefs naturels, les industriels, pour suivre des chefs militaires ou légistes. Or, la mise en activité politique des industriels est évidemment le meilleur moyen d'empêcher les militaires et les légistes d'exercer jamais la moindre influence sur le peuple. Votre Majesté

doit donc être, sous ce rapport, parfaitement tran-
quille.

La royauté n'a donc aucun motif réel pour ne
pas adopter le plan de liaison avec les industriels,
qui est dicté par son intérêt le plus grand, et par
son besoin le plus urgent. En abandonnant sans
retour la cause de l'ancienne noblesse, pour se
mettre à la tête de celle des industriels, Votre Majesté peut être assurée que ceux-ci, malgré leurs
préjugés, rompront très aisément avec la noblesse
de Bonaparte, et s'empresseront de répondre à
l'appel du trône. Le seul sacrifice réel que Votre
Majesté ait à faire, est celui de quelques formules
mystiques à peu près insignifiantes ; le véritable
obstacle à l'adoption d'un tel plan, consiste donc
dans le changement complet d'habitudes qu'il exigerait impérieusement de Votre Majesté. Sans doute
pour qui connaît la nature de l'homme, cet obstacle est très grand ; mais aussi il est le seul ; et
quels efforts n'inspire pas une volonté ferme, fondée
sur la conviction profonde d'une raison supérieure ?

Ayant signalé et combattu dans les réflexions
précédentes les préjugés qui peuvent s'opposer de
la part de la royauté, à son alliance avec les industriels, je vais avoir l'honneur de soumettre à Votre
Majesté un aperçu des moyens que je compte employer dans la même intention à l'égard des industriels, c'est-à-dire, pour détruire les préventions

11*

défavorables que la féodalité de Bonaparte a fait naître en eux contre votre auguste dynastie.

De Votre Majesté le très fidèle sujet.

Post-Scriptum. Je me suis efforcé, dans cette Lettre, de rendre sensible le discrédit dans lequel est tombé le dogme de la royauté *par la grâce de Dieu*, par suite de la décadence des croyances théologiques sur lesquelles il s'appuie. Ce que j'ai dit à ce sujet exige une explication qui prévienne toute interprétation vicieuse.

Distinguons dans le christianisme trois époques principales, dont chacune a eu un caractère particulier, et a donné naissance à une doctrine différente. Ces trois époques sont, 1°. celle de l'établissement du christianisme; 2°. celle de l'organisation du clergé comme pouvoir spirituel européen, effectuée d'une manière définitive par le pape Hildebrand; 3°. celle enfin de la décadence de ce pouvoir depuis la réforme de Luther.

La doctrine de la première époque a été essentiellement morale et philanthropique. Elle a eu pour but de faire admettre par tous les peuples civilisés et par leurs chefs, le grand principe que les hommes doivent tous se regarder comme des frères, et coopérer au bien-être les uns des autres.

Celle de la seconde époque a consisté surtout à proclamer le pouvoir spirituel général comme supérieur aux différens pouvoirs temporels européens.

Enfin, dans la troisième époque, le clergé, voyant déchoir son autorité sur l'ensemble des pouvoirs temporels européens, a eu pour but principal de conserver son existence nationale. Pour cela, il s'est mis aux gages du pouvoir temporel; et, perdant entièrement de vue le but primitif de son institution, il a employé ses croyances à établir le dogme de l'obéissance passive, assuré d'y trouver la garantie de son temporel.

Tels sont les trois principaux états par lesquels ont passé les doctrines du clergé. Il en est résulté trois christianismes bien distincts: celui des apôtres, celui d'Hildebrand, et celui du clergé depuis le seizième siècle. Il est donc indispensable, quand on parle du christianisme, de dire lequel des trois on a en vue.

Appliquant cette analyse au cas actuel, je dirai que le dogme chrétien de la royauté *par la grâce de Dieu*, doit être jugé différemment suivant l'espèce de christianisme auquel on prétend le rattacher.

Si on le rapporte au christianisme de la première époque, il impose aux rois l'obligation de travailler le plus efficacement possible au bien-être de leurs peuples; et par conséquent d'établir l'organisation sociale qui peut le mieux procurer ce bien-être.

Rattaché au christianisme d'Hildebrand, il prescrit aux rois de se regarder comme les vassaux de la cour de Rome.

Enfin, rapporté au christianisme de la troisième époque, il n'impose aux rois d'autre règle que leur volonté à l'égard des peuples; il leur fait seulement un devoir essentiel d'associer le clergé aux bénéfices de l'arbitraire.

IIᵉ LETTRE.

AU ROI.

Sɪʀᴇ,

Je ne doute pas que plusieurs personnes qui sont sincèrement atttachées à votre dynastie, et qui croient servir ses intérêts avec beaucoup d'effica-.cité, ne blâment très vivement les réflexions contenues dans la Lettre précédente, comme irrévérencieuses pour la royauté. Il me serait facile de leur répondre ; mais cet écrit montrera suffisamment, j'espère, lequel de leur système de défense ou du mien peut être le plus réellement utile aux Bourbons. Je me permettrai seulement de leur présenter sur ce reproche une observation très simple. Les plus grands ennemis des Bourbons peuvent parler et parlent tous les jours de la légitimité avec le ton de la plus profonde vénération, sans que cela tire à conséquence : mais je défie le plus rusé d'entre eux d'adhérer ouvertement à aucune des assertions concernant les Bourbons qui se trouvent déjà ou qui se trouveront plus bas dans cet écrit, sans se compromettre à l'égard de son parti. On peut aisément déguiser sa pensée, tant qu'il

n'est question que de formes ; cela est impossible,
aussitôt qu'il s'agit d'une discussion positive et raisonnée.

Sire, de tout temps la vérité fut utile aux rois ;
mais aujourd'hui elle leur est indispensable. Quelle
qu'en soit la cause, il est de fait que les prestiges
sont dissipés sans retour, on ne peut plus régner
par eux. Il n'y a plus aujourd'hui de droits réels
que ceux qui résultent d'une utilité générale, constatée et sentie. Sans doute, les industriels tiennent
à la royauté, mais ils n'en sont point amoureux ;
ils y tiennent, non pour elle, mais pour eux. On
en peut dire autant des dynasties.

Le seul moyen de porter les industriels à soutenir activement votre dynastie, à former avec elle
une ligue franche, intime, indissoluble, consiste à
leur démontrer que tel est leur intérêt. C'est ce que
j'entreprends dans cet écrit.

Comme une démonstration n'a jamais plus de
force que lorsqu'elle est présentée sous la forme
de réfutation de l'opinion opposée, c'est en com-
battant dans tous les motifs l'opinion anti-bourbonienne, formée par la noblesse de Bonaparte et
inculquée par elle aux industriels, qu'il convient
de défendre auprès d'eux la cause de votre auguste
dynastie ; et cet examen doit être fait avec la plus
entière liberté. Telle est, suivant ma ferme conviction, la seule manière efficace de servir les Bour-

bons. Au lieu de cela qu'on interdise, ainsi que le ministère de Votre Majesté a cru devoir le faire jusqu'à ce jour, toute discussion réelle sur ce sujet, qu'on s'offense de tout ce qui s'écarterait d'une aveugle adulation, qu'arrivera-t-il ? Les factieux feront les plus basses protestations à Votre Majesté, et conspireront contre elle : les industriels, qui seuls pourraient prévenir ces tentatives, conserveront les préventions qui leur ont été inspirées, et laisseront agir les ambitieux. Telle est la conséquence fâcheuse, mais inévitable, du système adopté par les défenseurs plus zélés qu'habiles de votre dynastie.

Qu'on ne craigne donc plus de livrer à la discussion les droits des Bourbons ; qu'on provoque même, ou du moins qu'on favorise cet examen : ils en sortiront victorieux. Cela m'est tellement démontré, que si l'on pouvait espérer du parti antibourbonien assez de franchise pour exposer pleinement tous les motifs de son opinion, j'oserais inviter le ministère à l'y engager avec confiance, et à lui promettre sécurité entière.

Je suis persuadé que cette mesure, si elle était possible, serait éminemment utile aux Bourbons; car les argumens des bonapartistes tirent en partie leur force de leur clandestinité ; ils ne sont pas susceptibles de soutenir une discussion suivie.

Pénétré de la vérité des considérations précédentes, j'ose entreprendre, Sire, dans cet écrit, et adresser aux industriels un premier examen de l'opinion anti-bourbonienne.

Voici les principaux points sur lesquels je me propose d'appeler l'attention des industriels.

Les moyens employés par la noblesse de Bonaparte (1) pour fonder et pour soutenir auprès des industriels l'opinion anti – bourbonienne, sont de deux sortes : les uns s'adressent à la raison, les autres aux passions.

---

(1) En me servant de cette expression, je ne prétends point avancer que tous ceux qui se sont laissé affubler par Bonaparte de titres nobiliaires, ni même tous ceux qui ont coopéré à son administration, fassent partie de la faction opposée aux Bourbons ; de même qu'en parlant des projets rétrogrades de l'ancienne noblesse, je ne prétends point en accuser tous ses membres : il y a de part et d'autre d'honorables exceptions. Je prétends encore bien moins que les membres civils et militaires du gouvernement de Bonaparte, soient les seuls qui composent la faction anti-bourbonienne. Les hommes dont ce gouvernement a éveillé l'ambition sans la satisfaire, ne sont pas l'élément le moins dangereux de ce parti. Les pachas en expectative, valent bien ceux qui avaient eu le temps d'entrer en jouissance. Mais j'emploie la dénomination de *noblesse de Bonaparte* pour désigner le parti collectivement, parce qu'elle en indique les véritables chefs, c'est-à-dire, ceux qui dirigent les opinions et les intrigues de la faction, et pour lesquels seraient les principaux bénéfices de l'entreprise commune, en cas de succès.

Les premiers forment une espèce de corps de doctrine, qu'on peut réduire à cette idée principale : « En thèse générale, un changement de régime politique exige, pour se consolider, un changement de dynastie : le régime parlementaire n'a pu s'établir définitivement en Angleterre, que par l'expulsion des Stuarts ; une mesure analogue est aujourd'hui nécessaire en France, et par les mêmes raisons. » Tel est le résumé fidèle des raisonnemens les plus liés de la faction anti-bourbonienne.

Pour prouver aux industriels la fausseté de cette doctrine, je leur fais voir qu'un changement quelconque de dynastie n'est propre qu'à les détourner de leur but véritable, qui est l'établissement du régime industriel, en leur faisant porter sur les hommes une attention qu'ils doivent réserver toute entière pour les choses ; que d'ailleurs l'arbitraire, bien loin de s'affaiblir, se rajeunit nécessairement, quand le pouvoir passe en de nouvelles mains. Je leur représente que ces deux inconvéniens généraux existeraient au plus haut degré possible, dans un changement fait par la noblesse de Bonaparte ; qu'un tel changement aurait pour conséquence naturelle et immédiate d'augmenter l'influence politique des militaires et des légistes, qui est le plus grand obstacle aux progrès de la cause industrielle. Enfin, je leur fais observer que la véritable cause

12

première de leurs préjugés contre les Bourbons, est dans leurs habitudes d'inactivité politique, et de défiance de leurs propres lumières, qui les portent à chercher au dehors ce qu'ils ne peuvent trouver qu'au dedans d'eux-mêmes, les moyens d'établir le régime industriel. Quant à l'exemple de l'Angleterre, ce qui induit en erreur, c'est qu'on ne distingue point entre modifier le pouvoir royal, ce qui était le cas de l'Angleterre, et le reconstituer, ce qui est aujourd'hui le cas de la France. Pour l'un, il était utile de changer la dynastie; mais pour l'autre, il est au contraire de la plus haute importance de la maintenir.

La seconde espèce d'influence anti-bourbonienne, exercée par la nouvelle noblesse sur les industriels, consiste à mettre en jeu leur amour-propre national. D'une part, elle exalte sans aucune pudeur et par tous les moyens imaginables, la gloire militaire acquise sous la domination de Bonaparte; d'une autre part, elle s'efforce de persuader, avec toute l'astuce possible, que la France a perdu toute sa gloire par le retour des Bourbons.

Sans doute il me sera aisé de faire sentir aux industriels l'absurdité et l'injustice de cette comparaison. Il suffit de leur représenter que s'ils regrettent la gloire militaire, ce n'est certainement qu'à défaut d'une autre; que les Bourbons peuvent procurer à la France le plus haut degré d'illustration politique et philosophique, en provoquant l'établissement du régime industriel ; mais que les craintes très fondées qu'ils ont depuis leur rentrée, les obligent de donner tous leurs soins à leur conservation. Le reproche de ne pas ouvrir à la nation française un nouveau champ d'activité et de gloire est tout-à-fait déraisonnable de la part des industriels qui pourraient dissiper ces craintes, et qui ne le font pas.

Tels sont, Sire, en aperçu, les moyens principaux que la faction ennemie de votre dynastie emploie pour agir sur les industriels. Ils paraissent et ils sont effectivement peu proportionnés à la grande influence qui en est le résultat. Aussi leurs effets seraient-ils presque insignifians, et ne mériteraient nullement d'occuper l'attention de Votre Majesté, s'ils n'étaient puissamment secondés dans leur action par deux causes également importantes. La première, est cette inertie politique des industriels, qui les porte à se croire de bonne foi incapables de traiter ou seulement de juger par eux mêmes les discussions d'intérêt général, et qui, par suite, leur fait adopter de confiance les opinions des élèves de Bonaparte qui se sont si adroitement constitués les défenseurs des intérêts nationaux. La seconde, est l'influence plus ou moins étendue que le ministère de Votre Majesté n'a malheureusement cessé de donner jusqu'à ce jour à l'ancienne

noblesse, influence fatale qui alimente les déclamations des bonapartistes, qui, seule, leur donne
du crédit. C'est sur cette double base qu'est fondée
toute la force morale du parti opposé aux Bourbons; tous ses autres moyens seraient nuls sans ces
deux puissans auxiliaires. Ainsi Votre Majesté peut
être assurée qu'en abandonnant l'ancienne noblesse
pour déterminer les industriels à entrer en activité
politique, et pour se placer à la tête de la cause
industrielle, elle aura détruit dans ses racines la
redoutable puissance de la nouvelle noblesse, qui,
réduite à elle-même, succombera bientôt à sa
nullité naturelle.

De Votre Majesté le très fidèle sujet,

~~~~~~

III᷉ LETTRE.

A MESSIEURS LES INDUSTRIELS.

MESSIEURS,

Une vérité fâcheuse, mais incontestable, et avec laquelle il est indispensable de vous familiariser, c'est que depuis le commencement de la révolution vous avez été constamment la dupe des légistes et des militaires auxquels vous avez imprudemment abandonné la conduite de vos affaires générales. L'expérience ne vous a point encore détrompés à cet égard. Vous êtes aujourd'hui, moralement, sous le joug de la féodalité de Bonaparte, que vous avez laissée s'établir l'avocat des intérêts nationaux, c'est-à-dire des vôtres, auxquels les siens sont directement opposés sous les rapports les plus essentiels. Malgré cette opposition, c'est par ses yeux que vous voyez la politique; elle dirige absolument vos opinions et votre conduite relativement à vos intérêts généraux : en un mot, son empire est parvenu au point de vous faire prendre sa cause pour la vôtre.

Sans doute, cette influence tient uniquement à vos longues habitudes d'inertie politique, à la défiance mal fondée, mais pourtant naturelle, où vous êtes de vos forces, de votre valeur sociale, et de votre capacité politique. Mais pour être ex-cusable, cette défiance n'en est pas moins funeste; il n'en importe pas moins pour vous d'ouvrir les yeux à ce sujet, et de secouer les habitudes de subalter-nité qui vous retiennent dans cette ornière; car cette fatale influence est un des grands obstacles qui retardent encore le triomphe de la cause indu-strielle.

Le résultat le plus fâcheux de la séduction exer-cée sur vous par la nouvelle noblesse, celui qui doit immédiatement vous occuper, c'est le pré-jugé qu'elle est parvenue à vous inspirer contre la maison de Bourbon; la maxime qu'elle a enra-cinée parmi vous, qu'un changement de dynastie est une mesure utile et même indispensable au succès de vos vœux pour l'établissement du régime le plus favorable aux intérêts généraux de l'industrie. L'examen de cette opinion est l'objet du travail sur lequel je me permets aujourd'hui d'appeler toute votre attention, persuadé comme je le suis, que l'abandon entier et formel de ce préjugé, est la première condition à remplir par les industriels, à l'ouverture de leur nouvelle carrière politique.

Et d'abord, Messieurs, s'il est certain que les Bourbons ont eu et ont encore des torts à votre égard, n'avez-vous aucun reproche à vous faire sur le passé et sur le présent? Pendant la crise révolutionnaire, qui a commis le plus de fautes, et les fautes les plus graves? Si les Bourbons ont cédé aux perfides instigations des privilégiés, n'avez-vous pas laissé agir les jacobins, qu'il était en votre pouvoir d'arrêter, si vous l'eussiez voulu avec cette énergie que commandaient votre devoir et votre intérêt? Depuis la restauration, si la royauté a laissé prendre trop d'influence à l'ancienne noblesse, ne vous êtes vous pas laissé dominer par la nouvelle, dont vous veniez d'éprouver pendant quinze ans les libérales dispositions? Il y a plus, Messieurs; la royauté, par votre admission à l'électorat, vous a ouvert l'entrée de la carrière politique; et comment avez-vous répondu à cet appel? Cette mesure est plus importante pour vous, plus éminemment industrielle que toutes celles qui, en nombre infini, ont été proposées pendant le cours entier de la révolution. De quelle manière en avez-vous profité? Avez-vous envoyé à la chambre des communes le nombre d'industriels proportionné à votre influence électorale? Vos choix n'ont-ils pas, au contraire, été dirigés en grande partie par la noblesse de Bonaparte? Un usage aussi mal entendu du pouvoir politique direct qui vous avait été procuré, ne justifie pas sans doute le gouvernement d'avoir rétrogradé dans la ligne qu'il s'était si sagement et si glorieusement tracée, et dans laquelle, avec un peu plus de persévérance, il vous eût infailliblement amenés. Mais il l'excuse peut-être d'avoir cherché dans le parti de l'ancienne noblesse un appui que vous lui refusiez en quelque sorte, contre les projets ambitieux de la nouvelle noblesse. En dernière analyse, la loi de la conservation est la première de toutes.

Ainsi, Messieurs, il ne saurait y avoir, de votre part, le moindre fondement raisonnable à nourrir aucun sentiment d'humeur contre la dynastie actuelle. Vous devez donc conserver toute la liberté de votre jugement, dans l'examen de l'opinion qu'il convient à vos intérêts d'adopter à son égard. Si cette condition est une fois remplie aussi bien qu'elle doit l'être, vous n'aurez pas de peine à vous former sur ce point des idées parfaitement saines, et aussi conformes à vos vrais intérêts, que tranquillisantes pour les Bourbons.

Je ne vous parlerai point des chances plus que probables de guerre, au moins extérieure, qu'amènerait un changement quelconque de dynastie. Je ne vous rappellerai point que la guerre, outre les malheurs directs qu'elle entraîne, et qui tombent d'à-plomb sur l'industrie, a toujours pour résultat indirect, mais nécessaire, d'entretenir et d'accroître pour long-temps l'influence militaire, et par conséquent de prolonger la durée des pouvoirs abusifs, en même temps que par un second effet, non moins inévitable, elle écarte l'idée du perfectionnement de la civilisation. Enfin, je ne vous ferai point observer que les deux inconvéniens généraux existeraient aujourd'hui au plus haut degré possible, puisqu'il s'agit précisément d'éteindre pour jamais ces pouvoirs abusifs, et de faire faire à la civilisation le pas le plus important de tous ceux que la nature des choses lui a assignés, et qui, d'ailleurs, est tellement préparé que la guerre serait justement le seul moyen de le retarder sensiblement. Je ne développerai point ces considérations, je me contente de vous les indiquer. Je ne veux arrêter votre attention que sur les motifs de l'opinion anti-bourbonienne considérée en elle-même, et non sur ses conséquences accessoires, quelque vraisemblables qu'elles puissent être.

En premier lieu, Messieurs, pour ceux qui considèrent les choses d'un point de vue philosophique, l'extrême importance politique attachée à un changement de dynastie à l'époque actuelle, est la preuve évidente et la plus complète possible, que vous appréciez bien faiblement la grande réforme sociale réservée aux Européens civilisés du dix-neuvième siècle, ou que vous n'avez aucune idée nette et juste des moyens à prendre pour l'opérer : habitués jusqu'à présent à rester toujours passifs en politique, ne pouvant vous déterminer à entrer en activité, ignorant ou plutôt croyant ignorer la marche simple qu'exige l'établissement du régime le plus favorable aux intérêts généraux de la culture, de la fabrication et du commerce, vous rejetez le fardeau sur la royauté, vous la chargez dans votre esprit de vous inventer et de vous organiser le régime industriel, vous réservant, sans doute, le soin de jouir du travail quand il sera terminé. Si la dynastie régnante ne vient pas à bout de remplir ces conditions que vous lui imposez même d'une manière presque tacite, quoique très obligatoire à vos yeux, vos souhaits en appellent une autre, et on est toujours prêt à répondre à ces appels-là. Telle est, j'ose le présumer, la marche de vos idées dans vos désirs d'un changement de dynastie; elle est au fond naturelle, quoique assurément elle doive paraître très bizarre. N'apercevant point les moyens d'agir sur les choses, ou ne vous sentant pas encore l'énergie et la confiance nécessaires pour cela, vous reportez vos espérances sur les personnes; c'est l'allure ordinaire des esprits. Mais je ne crains point, Messieurs, de vous faire une prédiction hasardée, en vous annonçant que si vous continuiez à procéder ainsi en politique, vous pourriez prendre successivement à l'essai toutes les dynasties existantes et possibles, sans avoir fait un seul pas essentiel vers l'établissement du régime qui est

l'objet de tous vos vœux. La raison en est fort
simple ; c'est que l'action principale nécessaire pour
atteindre ce but, doit partir de vous, ne peut résider qu'en vous, et que la royauté, dans quelques
mains qu'on la supposât placée, ne peut exercer en
ce sens qu'une simple coopération très puissante,
sans doute, et même absolument indispensable,
mais qui n'en a pas moins un caractère secondaire.
C'est vous et vos collaborateurs, les savans, qui,
par une série continue de travaux théoriques et pratiques combinés ensemble, devez préparer, élabo-
rer, et enfin graduellement organiser le régime
industriel. Le secours de la royauté vous est nécessaire pour vous aplanir les voies, pour donner l'impulsion à ces travaux ; et c'est par ce motif qu'il
vous importe tellement de vous liguer avec elle.

Mais c'est là que se borne son action, elle ne saurait aller plus loin par la nature des choses. Rien
ne peut vous dispenser de faire vous-mêmes le travail ; vous seuls pourrez avoir à la fois et la volonté,
et la capacité indispensables. Supposez, ce qu'il
serait déraisonnable d'espérer et encore bien plus
d'exiger, qu'une dynastie quelconque voulût franchement, en effet, exécuter par elle-même cette
grande tâche, elle n'en aurait pas les moyens, vous
seuls les possédez : elle serait nécessairement obligée
ou de renoncer à l'entreprise, ou de la remettre
en vos mains.

Les considérations précédentes, suffisamment pesées, doivent, je crois, ébranler fortement dans votre esprit l'opinion anti-bourbonienne, parce qu'elles signalent et qu'elles combattent le véritable motif original du crédit que vous avez laissé prendre à cette opinion. Mais ce n'est pas assez de vous avoir prouvé qu'un changement quelconque de dynastie ne peut avancer aucunement le succès de la cause industrielle, et doit par conséquent lui nuire, quand il n'y en aurait pas d'autre motif. A cette raison négative, il convient d'en ajouter une positive et directe, en vous démontrant, par plusieurs considérations, que le transport de la royauté dans une dynastie autre que celle des Bourbons, doit nécessairement retarder beaucoup l'établissement du régime industriel.

On vous dit que la dynastie des Bourbons ayant été accoutumée pendant une longue suite de générations, dont les impressions se sont transmises d'une manière continue par l'éducation, à jouir du pouvoir dans toute sa plénitude, est moralement incapable de contracter les habitudes nécessaires pour exercer la royauté, à une époque où l'arbitraire doit disparaître. C'est là, si je ne me trompe, le principal argument qu'emploie auprès de vous la noblesse de Bonaparte. Il est aisé d'en montrer la futilité.

Il est certain que par un inconvénient inséparable de la nature humaine, tout pouvoir inhérent à des fonctions qui n'ont point un objet positif, clair, déterminé avec précision, tend forcément à envahir. Mais en qui cette tendance est-elle le plus active et le plus dangereuse, dans une ancienne dynastie, ou dans une dynastie nouvelle? L'expérience et le raisonnement répondent bientôt à cette question, sur laquelle le bon sens populaire a prononcé depuis long-temps par le dicton sur les parvenus.

Les habitudes du commandement se prennent si vite, qu'à cet égard le plus ou le moins de durée de la possession du pouvoir ne peut guère influer sur la tenacité avec laquelle on s'y attache. Et au contraire, la perpétuité de la jouissance, dans ce genre comme dans tout autre, détruit nécessairement la vivacité du désir; tandis que sa nouveauté inspire cette activité inquiète, qui est ici la circonstance la plus redoutable, et qui d'ailleurs est puissamment fortifiée par l'incertitude de la conservation du pouvoir, toujours plus grande pour une dynastie qui commence. En un mot, le pouvoir s'use inévitablement quand il reste toujours dans les mêmes mains, et il se rajeunit, au contraire, et prend de nouvelles forces toutes les fois qu'il change de maîtres. Quelle avidité, en effet, est comparable à celle d'une dynastie affamée, et de son famélique entourage?

Du reste, dans le cas actuel, l'expérience, et une

expérience toute fraîche encore, dispense sur ce
sujet de recourir aux raisonnemens. La nouvelle
noblesse vous a prouvé, Messieurs, pendant son
règne, d'une manière assez rude et assez décisive,
avec quelle force elle maniait le pouvoir et rani-
mait l'arbitraire. Vous n'avez pas, sans doute,
oublié tout-à-fait, Messieurs, par quelle épithète
expressive les grands et les petits vassaux de Bonaparte avaient su remplacer pour vous l'épithète
décrépite et sans vigueur dont l'ancien régime vous
affublait. Vous vous honorez aujourd'hui, et avec
raison, du nom de *vilains*, quand l'ancienne noblesse se permet de vous l'appliquer : mais qui de
vous ne se sentirait offensé jusqu'au fond de l'âme
du dégradant sobriquet de *pekins?* Cette comparaison si simple vous offre une mesure relative, fort exacte, des degrés de dangers auxquels
vous exposent les projets de l'une et de l'autre noblesse.

D'un autre côté, Messieurs, la dynastie des
Bourbons vous a prouvé, par la concession de la
Charte, qu'elle reconnaissait la nécessité de mettre
l'institution de la royauté en harmonie avec l'état
présent des lumières. Quelle que soit la valeur
réelle de cette concession, et sans examiner en ce
moment si la Charte a atteint et peut atteindre ou
non le but pour lequel elle a été créée, bornez-vous
à la considérer comme un fait, et vous y verrez la

déclaration formelle que la royauté bourbonienne s'empressera d'accéder à vos vœux, aussitôt que vos idées politiques seront éclaircies et arrêtées. Sans doute, il eût été préférable que le mode de présentation de cet acte important n'eût pas rappelé des prétentions auxquelles les conseillers fidèles de la royauté auraient dû l'engager à renoncer désormais. Mais au vrai, Messieurs, que peu importent les formes? Vous n'êtes pas des métaphysiciens, ni des légistes; ainsi le fond seul vous intéresse. D'ailleurs, ne devez-vous pas avoir assez de bonhomie pour sentir que lorsqu'on fait à des habitudes profondément enracinées un sacrifice réel, on a bien, au moins, acquis le droit d'en éprouver et même d'en laisser paraître quelques regrets? Si depuis cette époque la royauté a marché avec hésitation dans la route qu'elle avait indiquée, cela n'est-il point excusable, en partie par le motif que je viens d'exposer, et en partie par les inquiétudes justement fondées que les projets ambitieux de la nouvelle noblesse n'ont cessé d'inspirer aux Bourbons? Du reste, je ne dois pas craindre de vous le répéter, pouvez-vous exiger qu'on n'ait aucun tort, quand vous en avez vous-mêmes un très grave, celui de laisser subsister ces inquiétudes, qu'il vous serait si facile de dissiper en déclarant solennellement à la noblesse de Bonaparte que votre intention formelle est de maintenir la dynastie des Bourbons? Quand vous aurez fait cette déclaration, Messieurs, au nom et de l'aveu de l'industrie tout entière, alors vous pourrez, à bon droit, vous plaindre des Bourbons, s'ils persistent à conserver l'arbitraire, et à prêter l'oreille aux conseils rétrogrades de l'ancienne noblesse, ce qui serait contre toute vraisemblance morale.

Une considération d'un ordre plus élevé que les précédentes, c'est, Messieurs, qu'il vous importe extrêmement de renouer la chaîne qui a constamment lié, depuis l'affranchissement des communes, l'histoire politique de l'industrie à celle de la maison de Bourbon. Louis xiv l'avait imprudemment rompue; l'infortuné Louis xvi essaya de la rétablir; la révolution l'a de nouveau défaite de part et d'autre; mais vous pouvez et vous devez la renouer. Des rapports continus de six siècles de durée ne doivent pas être légèrement abandonnés. Ils sont liés dans l'esprit des Bourbons, les progrès de la cause industrielle, avec ceux de la gloire de leur maison. Ce passé vous donne avec eux un grand avantage, si vous savez en profiter, en en faisant revivre le souvenir. Vos progrès politiques se trouvent ainsi enregistrés pour les Bourbons, et cette circonstance vous donne un moyen de plus d'en faire de nouveaux. Une dynastie privée de ces antécédens pourrait remettre en question jusqu'à votre indépendance individuelle, si elle n'était établie depuis si long-temps sur les fondemens les plus inébranlables.

Quand un pouvoir doit s'éteindre, il importe que ce soit entre les mains qui l'ont exercé dans toute sa plénitude, parce que ces mêmes mains l'ayant nécessairement suivi dans ses déperditions successives, sont préparées de fait à le voir disparaître, malgré tous les préjugés contraires que l'éducation peut avoir inspirés. C'est ce qui arrive aujourd'hui, non pour le pouvoir royal, mais pour la partie féodale ou militaire de ce pouvoir, laquelle doit s'effacer complétement. Le moment est arrivé où la royauté doit changer de caractère et devenir entièrement communale ou industrielle. Il importe au plus haut degré que ce changement se termine entre les mains de la dynastie sous laquelle il s'est graduellement effectué. Cette condition est indispensable pour que le changement ait toute sa force et toute sa valeur.

Permettez-moi, Messieurs, de réserver la suite de cet examen pour une autre Lettre dans laquelle je vous présenterai de nouvelles considérations à l'appui de celles que je viens de vous soumettre.

J'ai l'honneur d'être,

MESSIEURS,

Votre très humble et très
obéissant serviteur.

13

IVᵉ LETTRE.

A MESSIEURS LES INDUSTRIELS.

MESSIEURS,

L'exemple de la nécessité dans laquelle les Anglais se sont trouvés de chasser les Stuarts, pour établir solidement le régime parlementaire, présente à la faction ennemie des Bourbons, un moyen puissant, dont elle sait tirer parti avec son adresse ordinaire. Mais toute la force de ce moyen repose uniquement sur une analogie supposée de circonstances, qui n'est qu'apparente, et qui disparaît aussitôt qu'on examine les choses d'une manière un peu approfondie. C'est ce dont, Messieurs, vous serez convaincus, j'espère, après avoir pesé les considérations suivantes, qu'il me suffit de vous exposer sommairement.

Le changement que doit éprouver aujourd'hui la royauté en France, diffère absolument, par sa nature, de celui qu'elle a subi en Angleterre, en vertu de l'établissement du régime parlementaire.

La royauté a été, dans l'origine, une institution purement féodale. Mais, depuis l'affranchissement des communes, elle s'est modifiée constamment;

elle est devenue en partie industrielle. Le caractère industriel de la royauté a pris de plus en plus d'extension et d'importance ; le caractère féodal en a, au contraire, de plus en plus perdu, à mesure que les progrès de la civilisation ont élevé l'industrie, et abaissé la féodalité ; de telle sorte que la destination finale de la royauté est, par la nature des choses, de perdre tout vestige de féodalité, pour se reconstituer et fleurir à jamais comme institution purement industrielle. En France, la royauté est aujourd'hui appelée, par l'état présent où la civilisation y est parvenue, à faire ce grand pas. Mais l'Angleterre, à l'époque de sa révolution, était bien en arrière d'un tel but. Le seul perfectionnement que le progrès des lumières permit alors, se réduisait à limiter, le plus possible, le parti féodal du pouvoir royal. L'établissement du régime parlementaire a porté en effet cette modification aussi loin qu'elle pouvait l'être.

Il y a donc, entre les deux états de choses que nous comparons, la différence essentielle d'une simple modification à une entière réorganisation sur de nouvelles bases. Or, il résulte de cette différence, que les motifs qui ont rendu nécessaire aux Anglais un changement de dynastie ne peuvent nous être aucunement applicables.

En effet, le caractère féodal de la royauté étant amorti par la modification anglaise, sans que son caractère industriel fût mis en activité, le pouvoir royal se trouvait évidemment éprouver, par là, une perte sans compensation. On conçoit donc que les Stuarts se trouvaient naturellement constitués en opposition forcée à l'établissement du régime parlementaire. De là l'utilité, pour la nation anglaise, d'appeler à leur place une dynastie à laquelle le fait même de son installation imposât la nécessité de s'accommoder à ce régime. Il serait effectivement assez difficile de concevoir que la modification eût pu se consolider autrement.

Les mêmes motifs n'existent point aujourd'hui en France.

La royauté, par l'établissement du régime industriel, devant perdre tous les débris de féodalité qui lui restent, mais en même temps donner l'essor le plus étendu à son caractère industriel, il n'y a plus ici de perte sans compensation; il n'y a pas même de perte réelle; c'est seulement remplacer un certain emploi d'activité par un autre d'une nature très supérieure; c'est renoncer à une action usée et presque nulle, dont il ne reste à peu près que l'apparence extérieure, pour exercer une action neuve, en rapport avec l'action générale du corps social, et qui, par conséquent, comporte le plus grand développement. On doit donc voir, dans une telle transformation, au lieu d'une perte pour la royauté, un gain réel et immense. C'est ainsi que le pouvoir royal la considérera nécessairement, aussitôt que les idées auront été éclaircies et fixées à cet égard par la discussion. Bien loin donc de devoir craindre qu'elle s'oppose alors à la marche des choses, vous devez naturellement penser, Messieurs, qu'elle adoptera avec ardeur ce perfectionnement. Si vous ne croyez point en ce moment qu'il en sera ainsi, et si, en effet, telles ne sont point encore les intentions de la royauté, cela tient uniquement, de votre part et de la sienne, à ce que la nature véritable du changement à opérer n'est point encore nettement déterminée, et ne se présente à vos esprits comme au sien, que d'une manière tout-à-fait vague. Voilà la cause fondamentale de l'effroi que lui inspire l'idée de ce changement, et par suite de la défiance que cet effroi vous fait concevoir sur sa volonté d'y coopérer. Or, cette cause, ainsi que je viens de vous le prouver, doit inévitablement disparaître, aussitôt que vous le voudrez; car c'est de vous que dépend l'ouverture de la discussion à ce sujet.

Il s'ensuit donc, en dernière analyse, conformément à ce que j'avais avancé, que des raisons tout-à-fait analogues à celles qui ont déterminé les Anglais à opérer un changement de dynastie, conduisent, pour la France, à une conclusion directement opposée. L'exemple des Stuarts se trouve donc être

absolument inapplicable aux Bourbons. Il y a plus
même : la raison pour laquelle cet exemple ne leur
est point applicable fournit, en l'approfondissant
davantage, une considération puissante en leur
faveur. Car, ainsi que je l'ai indiqué dans la Lettre
précédente, la réorganisation de la royauté sur des
bases industrielles, ne saurait être aussi complète
et aussi décisive qu'il se peut, qu'en s'opérant sous
la même dynastie qui a exercé le pouvoir royal
avec son ancien caractère féodal.

Du reste, Messieurs, l'erreur que je viens de
combattre tient à l'erreur plus générale qui tend
à représenter la révolution française comme une
simple répétition de la révolution anglaise. Ainsi,
j'aurai plusieurs occasions de revenir sur ce sujet
dans la suite de mes travaux; la discussion de cette
erreur capitale occupera une place spéciale. Je crois
avoir suffisamment constaté par ce qui précède, que
le fait de l'expulsion des Stuarts n'a aucune valeur
relativement aux Bourbons. Poursuivons l'examen
de l'opinion anti-bourbonienne.

Les motifs que j'ai discutés jusqu'à présent,
quoique très peu solides, ont cependant une certaine gravité; ceux qui me restent à examiner sont,
en eux-mêmes, bien puérils; mais il est néanmoins
de la plus haute importance de les prendre en considération, parce qu'ils ont sur vous une influence

extrême ; ils s'adressent à vos passions. C'est sur elles que le parti opposé aux Bourbons fonde ses principales ressources. (1)

La passion qu'on a le plus cherché à mettre en jeu, chez vous, dans le dessein de s'en faire une arme offensive contre les Bourbons, c'est l'amour-propre national. On s'est étudié de toutes les manières, et on est malheureusement parvenu à lier dans votre esprit, d'une part, avec l'idée de la noblesse de Napoléon celle d'une haute gloire nationale, à tout jamais regrettable, acquise sous sa domination, et qu'elle seule peut ranimer; et, d'une autre part, avec l'idée des Bourbons, celle de l'humiliation et de la décadence du nom français.

J'avoue, Messieurs, que, si quelqu'un pouvait observer cette double association d'idées sans être révolté, il ne saurait ce qu'il doit admirer le plus, ou de l'adresse perfide de la faction anti-bourbonienne, ou de votre bonhomie.

Qui d'entre vous aurait pensé, Messieurs, dans le temps que vous supportiez avec amertume tous

---

(1) En général, cette faction qui s'est constituée si audacieusement l'avocat exclusif du progrès des lumières, n'aime pas le raisonnement ; ce n'est pas sur lui qu'elle compte pour la réussite de ses projets. Elle élude même avec le plus grand soin toute discussion sérieuse et approfondie sur les questions politiques fondamentales. Ce fait mérite quelque attention.

les fléaux que la domination de Bonaparte faisait tomber sur vous, que, quelques années après, et lorsque cette domination aurait cessé, une telle époque vous serait impudemment représentée comme un objet de regret, comme la période la plus belle et la plus honorable de l'histoire de la nation française? Qui d'entre vous surtout aurait prévu qu'à force d'entendre répéter ces déclamations sur tous les tons possibles, vous finiriez par y ajouter foi? Quoi! les industriels, dont les intérêts et les habitudes sont si éminemment pacifiques, ceux-là même qui avaient si ardemment provoqué et si sincèrement ratifié la déclaration solennelle faite par l'assemblée constituante, de renonciation à toute guerre offensive, et après avoir éprouvé tous les désastres que l'oubli de cette déclaration avait attiré sur eux, ont pu en venir aujourd'hui à concentrer leur amour-propre national tout entier sur les dévastations européennes des lieutenans de Bonaparte, et à tel point, que quiconque ne caresse point ce préjugé est certain de leur déplaire!

Non, Messieurs, un tel aveuglement ne saurait durer. Vous ne tarderez pas à reconnaître combien il est ridicule, dans l'état actuel de la civilisation, de se glorifier du succès d'une bataille comme du gain d'une partie d'échecs, abstraction faite du but de la guerre. Vous sentirez, d'esprit et d'âme, que les industriels allemands, espagnols, etc., sont bien plus vos frères et vos co-intéressés que les compagnons de Bonaparte. Vous verrez bientôt que votre absurde admiration n'aboutit en réalité, pour vous, qu'à alimenter l'influence d'une faction dangereuse qui aspire à vous exploiter de nouveau. Votre cœur, enfin, rejettera toute idée de communauté et de coopération avec les affidés de Napoléon aussi fortement qu'il repousse aujourd'hui le moindre soupçon de connivence avec les complices de Roberspierre. Vous pourrez amnistier leur conduite, mais vous ferez cesser le scandale d'en tirer vanité.

Je n'ai pas besoin d'insister à présent, Messieurs, sur l'injustice que vous commettez, à l'instigation de la noblesse nouvelle, en faisant porter sur les Bourbons l'idée d'humiliation nationale qu'on attache à l'invasion de la France par les peuples européens. D'abord, Messieurs, il faut le reconnaître avec franchise et l'avouer avec fermeté, c'est une faiblesse, dans une nation comme dans un individu, de s'humilier d'une leçon, quand on se l'est attirée. L'invasion de la France, qu'on se plaît tant à représenter comme un événement presque accidentel, a été le résultat nécessaire de la juste et inévitable réaction provoquée en Europe par le système anti-social de politique extérieure que nous nous étions laissé imposer par Bonaparte et ses adhérens. Et en voulant y voir une humiliation, c'est évidemment sur ces hommes , et non sur les Bourbons, qu'il faut en faire retomber le poids.

Je ne ferai également qu'exposer en raccourci un autre moyen très puissant employé par la faction anti-bourbonienne, et qui n'est que la généralisation du précédent. On vous parle sans cesse *des intérêts de la révolution ;* c'est la phrase bannale et convenue : partout, et dans toute occasion , on proclame avec emphase que le but de la cause dite *libérale* , que vous prenez pour la cause industrielle , est de faire triompher *les intérêts de la révolution* , et on insinue avec adresse que les Bourbons sont un obstacle insurmontable à ce triomphe. Permettez-moi de le dire, Messieurs, je ne puis voir là qu'une véritable mystification : je me servirais d'une expression plus grave, si j'en connaissais d'aussi exacte.

Étrange puissance des mots, qui tient à la confusion des idées! Vous êtes, Messieurs, et certes avec raison , profondément et opiniâtrément attachés à la révolution, en ce sens que vous désirez avec une ardeur constante le changement réel du régime qui en a été le véritable but depuis son origine, et vous sentez en même temps, d'une manière vague , que ce but n'est point encore atteint, sans pouvoir assigner distinctement ce qui vous manque pour qu'il puisse l'être. Ce qui vous manque! le parti qui a usurpé votre confiance va vous l'apprendre. Grâce à ce vague et à cette incertitude, il est venu à bout, par une expression adroitement employée, de substituer, dans votre esprit, les intérêts de tous ceux qui se sont enrichis à vos dépens depuis 1789, et qui ont si fort avancé vos affaires, à la cause industrielle que la révolution a eu pour objet de faire triompher. Par ce moyen, il est parvenu à vous faire désirer, comme devant constituer le triomphe de cette cause, le succès des projets ambitieux des élèves de Roberspierre et de Bonaparte, lesquels, aussitôt en possession du pouvoir, n'auraient rien de plus pressé que de s'opposer de toutes leurs forces à l'établissement du régime industriel. Tel est cependant le véritable état des choses pour quiconque n'a pas les yeux fascinés.

Ce n'est point sur le passé, Messieurs, que vous devez porter votre vue, c'est sur l'avenir : vous ne devez vous rappeler le passé que pour profiter des expériences que vous y avez si chèrement achetées. Ce qui doit uniquement vous occuper, c'est le succès de la cause industrielle, but réel, à la vérité, de la révolution, mais dont, après qu'il a été vaguement signalé à l'origine, on ne s'est jamais moins occupé que dans cette période.

Quant aux intérêts politiques qui se sont créés pendant cette époque, vous n'auriez à défendre que ceux attachés à la division des propriétés opérée par la vente des biens privilégiés, quoique vous deviez néanmoins regretter, en principe, que cette division n'ait pas été effectuée paisiblement, à la manière industrielle, au lieu d'avoir été arrachée par la violence, à la manière féodale. Mais ces intérêts sont inattaquables, et vous ne pouvez pas craindre sérieusement qu'ils soient attaqués de manière à vous causer quelque inquiétude. Hors cette seule exception, vous n'avez absolument rien de commun avec ce qu'on appelle *les intérêts de la révolution*; ils sont tous, au contraire, éminemment opposés aux vôtres, et vous devez désirer ardemment que leur ambition soit réprimée. Du moins, laissez-en la défense aux intrigans auxquels ils appartiennent.

Je crois avoir discuté, Messieurs, tous les motifs principaux de l'opinion anti-bourbonienne, et ceux que je puis avoir négligés ne sauraient être d'une grande importance, à moins de rentrer dans les précédens. Je terminerai cet examen par une comparaison qui me semble devoir être tout-à-fait décisive pour vous déterminer à abandonner à elle-même la noblesse de Bonaparte, et à vous lier franchement et indissolublement avec les Bourbons.

Vous supposez à la dynastie des Bourbons une volonté très prononcée et invariable de s'opposer à l'établissement du régime industriel. Je crois avoir apprécié vos craintes à cet égard à leur juste valeur,

par les réflexions contenues dans ces deux Lettres.
Mais, n'importe, passons un instant condamnation
sur cet article. En revanche, vous m'accorderez,
j'espère, que la féodalité de Bonaparte, si elle par-
venait à s'emparer du pouvoir, en mettant sur le
trône une dynastie nouvelle, aurait la même volonté, et au moins au même degré. Cela convenu
de part et d'autre, avez vous comparé, Messieurs,
les moyens qu'on pourrait vous opposer dans l'une
et dans l'autre hypothèse? Cette comparaison est,
dans une telle supposition, ce qui devrait déterminer votre opinion définitive. Or, voici l'esquisse
de ce parallèle.

Sans doute, Messieurs, les forces temporelles,
véritables et permanentes de la société, en faisant
abstraction de la royauté, résident en vous, uniquement en vous. Mais cependant des forces étrangères peuvent avoir, indépendamment de vous, et
même malgré vous, une existence factice et éphémère, il est vrai, qui peut néanmoins se soutenir
à un certain degré pendant quelque temps. Il serait
impossible que la féodalité de Bonaparte ne finît
par succomber dans sa lutte contre la puissance
industrielle, aussitôt que vous l'auriez voulu ferme-
ment. Mais elle pourrait résister et retarder l'établissement du régime industriel pendant un intervalle plus ou moins considérable. Sa clientelle est
nombreuse, énergique, active et fortement orga-

nisée. Outre cela, Messieurs, on ne saurait penser sans effroi que, dans le cas d'une lutte ouverte, elle pourrait mettre momentanément le peuple de son côté. Quoique vous soyez les chefs naturels et permanens du peuple, et qu'il vous reconnaisse habituellement comme tels, l'expérience vous a prouvé qu'il pouvait être entraîné pendant quelque temps sous la bannière des militaires et des légistes. Vous pensez avec raison que l'influence que les agitateurs pourraient avoir sur lui est aujourd'hui beaucoup diminuée, et qu'il faudrait les plus grands efforts pour le désorganiser. Mais cette influence n'est point entièrement annullée, ces efforts ne sont pas absolument impossibles. Le dogme de l'égalité turque (1), c'est-à-dire de l'égale admissibilité à

---

(1) Je désigne cette sorte d'égalité par l'épithète de *Turque*, parce qu'en effet les Turcs la possèdent depuis fort long-temps. Elle est précisément le contraire de la véritable égalité, de l'égalité industrielle, qui consiste en ce que chacun retire de la société des bénéfices exactement proportionnés à sa mise sociale, c'est-à-dire, à sa capacité positive, à l'emploi utile qu'il fait de ses moyens, parmi lesquels il faut comprendre, bien entendu, ses capitaux. On ne peut concevoir rien de plus opposé à cette véritable égalité, fondement naturel de la société industrielle, que le système anti-social en vertu duquel chacun jouirait à tour de rôle du pouvoir arbitraire, puisque alors on accorderait les avantages sociaux sans aucune condition ni proportion quelconque d'utilité produite.

l'exercice du pouvoir arbitraire, peut encore faire, si vous n'y prenez garde, de grands ravages : il n'est point tout-à-fait émoussé. Quel moyen avez-vous de lutter contre les séductions de ce dogme, avant d'avoir pu donner au peuple des notions nettes et précises sur ses véritables intérêts? La perspective sûre, mais progressive, des améliorations que doit lui procurer nécessairement la grande extension donnée à la culture, à la fabrication et au commerce, par l'établissement du régime industriel, ne peut point suffire, sans des lumières qu'il ne possède point encore assez, pour l'empêcher de se livrer momentanément à l'appât éventuel, mais immédiat, que peut lui présenter la féodalité militaire et jacobine. Si la loterie fait encore tant de dupes, pourquoi le dogme de l'égalité anti-industrielle n'en ferait-il plus? Il y a donc là, Messieurs, un danger réel qui mérite de fixer toute votre attention, en ce qu'il peut retarder, sous l'influence de la nouvelle noblesse, l'établissement du régime industriel.

Il faut avouer, Messieurs, que s'il existe pour vous, de ce côté, un danger aussi véritable, il est fort étrange que vous vous amusiez à craindre les tracasseries ridicules de l'ancienne noblesse, qui n'a plus aucune force politique personnelle, qui est sans la moindre influence sur le peuple, aussi-bien que sans la moindre possibilité d'en acquérir, et qui ne subsiste politiquement que des aumônes de la royauté. Si ces trois assertions sont vraies, comme il vous est impossible d'en douter, il s'ensuit évidemment que, dans le cas même où vous supposeriez à la royauté actuelle l'intention formelle de s'opposer à l'établissement du régime industriel, ne pouvant compter que sur la coopération de l'ancienne noblesse, laquelle ne peut lui être d'aucune efficacité, elle n'aurait aucun moyen de le retarder un seul instant, et l'impossibilité palpable de la lutte la préviendrait nécessairement. Mais il s'ensuit, avec encore plus de raison, que cette même considération de la nullité politique de l'ancienne noblesse, qui ne saurait manquer de devenir évidente aux yeux de la royauté, la déterminerait immédiatement à se liguer avec vous, aussitôt que vous auriez dissipé son inquiétude fondée et sa juste défiance, en rompant formellement avec la noblesse de Bonaparte.

Je crois avoir prouvé, Messieurs, par la comparaison que je viens d'esquisser, et que chacun de vous peut aisément détailler, que l'établissement du régime industriel peut et doit même, sans aucun doute, être retardé plus ou moins long-temps par la nouvelle féodalité, si vous ne vous opposez promptement à la réussite de ses projets; tandis que, du côté des Bourbons, il n'y a aucune chance pour cela, même en admettant, contre toute vraisemblance, qu'ils en eussent la volonté, qui ne pourrait seulement se présenter à leur esprit, si vous vous déterminiez à lier la cause de l'industrie à la leur.

J'ai l'honneur d'être,

MESSIEURS,

Votre très humble et très
obéissant serviteur.

14

~~~~~~

Vᵉ LETTRE.

A MESSIEURS LES INDUSTRIELS.

Messieurs,

Dans les Lettres précédentes, je n'ai discuté que d'un point de vue national l'opinion d'un changement de dynastie. Il me reste , pour en compléter l'examen , à la présenter à votre esprit sous un point de vue plus élevé, sous le point de vue européen.

Messieurs, le grand mouvement de civilisation dans lequel la marche des choses entraîne le peuple français depuis 1789, ne doit point être considéré comme simplement national. Il a un caractère plus général. Toutes les nations occidentales de l'Europe y participent d'une manière plus ou moins facile à discerner. C'est ce dont les trois exemples récens de l'Espagne, de Naples et du Portugal viennent de vous donner la preuve la plus évidente. Vous ne pouvez vous dispenser d'envisager l'état de votre cause sous cet aspect important, pour vous former une idée complète de votre véritable situation politique. Entrons, sur ce sujet, dans quelques développemens.

Depuis l'établissement universel de la domination
romaine dans l'occident de l'Europe, il a toujours
existé, entre les différentes nations qui en font
partie, une sorte de lien d'homogénéité politique,
qui, malgré des différences nationales très réelles,
leur imprime un caractère de communauté, et les
sépare absolument, à cet égard, des états de l'Europe orientale. Leur civilisation s'est développée
d'une manière à peu près uniforme, au moins sous
les rapports les plus essentiels, quoiqu'elle n'ait
point marché partout avec la même vitesse. Cette
similitude est toujours devenue plus entière à mesure que le progrès des lumières a facilité et mul-
tiplié les communications de tout genre.

Jusqu'à présent, cette analogie ne s'est présentée
que comme un résultat forcé de la nature des
choses à laquelle les peuples ont obéi involontai-
rement et sans s'en apercevoir. La formation des
sociétés modernes, dans le moyen âge, ayant eu lieu
chez ces diverses nations, de la même manière, à
peu près à la même époque, et lorsqu'il existait
déjà entre elles, en vertu d'une domination commune, une grande conformité politique, il a bien
fallu, de toute nécessité, que leur marche ulté-
rieure se ressentît jusqu'à un certain point de cette
communauté d'origine, et qu'il s'établît, de fait,
sans aucun dessein, une certaine similitude et une
certaine simultanéité dans leurs progrès. Mais au-

jourd'hui ; au lieu de cette simple analogie, il peut et il doit même se former entre ces peuples une véritable combinaison d'efforts politiques, ayant pour objet l'établissement du régime industriel, qui a toujours été leur destination finale commune, et qui doit être aujourd'hui leur but à tous, quoique tous n'en soient pas également approchés. La possibilité, ou, pour mieux dire, la nécessité d'une telle combinaison, est un des résultats les plus importans et les plus heureux du progrès des lumières. (1)

---

(1) Ce que je viens d'avancer sera plus tard le sujet d'un examen spécial et direct. La question que je traite ici m'oblige à me borner, pour le moment, sur cet article à des indications générales.

Pour faire sentir toute l'importance de cette grande combinaison européenne, je me propose de démontrer : 1°. que l'établissement complet du régime industriel serait impossible dans chaque nation isolément, si tous les peuples de l'Europe occidentale ne s'en occupaient simultanément ; 2°. que si, à la vérité, la marche de la civilisation a réservé à la France l'honneur exclusif de commencer l'organisation du régime industriel, il n'en est pas moins vrai que, l'impulsion première une fois donnée, certaines portions de cette grande entreprise doivent naturellement être exécutées par celle des autres nations occidentales qui se trouve être la plus avancée, la France n'exerçant pour cette partie du travail commun, qu'une action secondaire.

Ainsi, Messieurs, la cause dont vous devez poursuivre le triomphe, n'est pas simplement française, elle est européenne. Dans l'action que vous êtes appelés à exercer en France, vous devez vous regarder comme les collaborateurs de tous les industriels de l'Europe occidentale. A vos devoirs nationaux, se joignent donc, Messieurs, des devoirs d'une nature plus générale, des devoirs européens, fondés, comme les premiers, sur vos intérêts, sur le rôle que la marche de la civilisation vous assigne aujourd'hui pour l'organisation du régime industriel. Vos obligations, à cet égard, sont faciles à déterminer : elles sont renfermées dans le besoin général de vous mettre en harmonie politique avec les autres nations de l'occident européen, c'est-à-dire, d'adopter immédiatement les perfectionnemens introduits par elle; et à votre tour, de leur donner l'exemple pour la part qui vous est échue dans le travail commun.

En partant de ce principe, Messieurs, il est facile de vous prouver qu'il vous impose la loi de renoncer à l'opinion que la féodalité de Bonaparte est parvenue à vous inspirer, relativement à la prétendue nécessité d'un changement de dynastie, opinion que déjà vous devez abandonner par tant d'autres motifs. Vous pouvez reconnaître aisément que tout crédit accordé par vous à ce préjugé, est, de votre part, une véritable rétrogradation de votre cause, sous le rapport européen, non moins que sous le rapport national.

Il vous suffira pour cela, Messieurs, d'examiner un instant l'état actuel de la cause industrielle, considérée comme cause européenne, en l'observant d'abord sous le point de vue du pas qui lui reste à faire, et ensuite sous celui du mode à adopter, pour faire admettre les perfectionnemens que ce pas doit introduire.

L'Angleterre a tendu la première vers le régime industriel. Mais, vu l'état imparfait de la civilisation à l'époque où elle entreprit sa réforme politique, elle n'a pu parvenir qu'à une modification du régime féodal. C'est, en réalité, la nation française qui a été appelée, par la nature des choses, à commencer l'organisation du régime industriel. Quoiqu'elle n'ait point encore conçu nettement le véritable but de sa mission, elle en a fortement senti l'importance, et le signal qu'elle a donné en 1789, a imprimé à toute l'Europe occidentale le mouvement qui doit avoir pour résultat final l'établissement du régime industriel, et dans lequel la France doit conserver l'initiative.

Pour atteindre ce but marqué par la nature des choses, il y avait, préalablement, une condition indispensable à remplir. Il fallait commencer, avant tout, par établir, comme ordre de choses provisoire et préparatoire, le régime parlementaire inventé

par les Anglais, et que l'expérience avait fait reconnaître comme étant la meilleure modification
possible du système féodal. Cette condition devait
d'abord être remplie par la nation française, avant
qu'elle se livrât à la préparation et à la formation
graduelle du système industriel, afin de pouvoir
exécuter ce travail, nécessairement très lent, avec
tout le calme et toute la maturité indispensables.
C'est ce qu'elle a fini par faire, après s'être égarée
pendant un quart de siècle dans une direction absolument vicieuse. Mais ce premier préliminaire
n'était point encore suffisant ; il fallait, en outre,
que la même condition fût remplie par les autres
nations occidentales de l'Europe. Il était nécessaire
que l'adoption du régime parlementaire fût ainsi
généralisée, pour pouvoir s'occuper, sans hésitation et avec une entière sécurité, de la préparation du système industriel.

C'est là le pas essentiel que l'Espagne, et après
elle Naples et le Portugal, ont fait faire aujourd'hui
à la cause commune des peuples de l'Europe occidentale. Dans cet état des choses, il est évident que
vous devez vous occuper, sans délai, de la formation du système industriel. La tâche préliminaire
qui devait être exécutée par les autres nations d'occident vient d'être achevée. Par la nature des
choses, elles ne sauraient actuellement aller plus
loin, et elles ne le tenteront pas, si elles se dirigent

d'après une politique sage et éclairée. C'est à la nation française qu'est destinée la fonction de commencer à mettre en activité le véritable travail organique du système industriel : rien ne peut l'en dispenser.

Il résulte, Messieurs, des considérations précédentes, que l'adoption récente du régime parlementaire par les Espagnols, les Napolitains et les Portugais, ayant terminé, de fait, le travail préalable qui devait précéder la préparation du système industriel, vous n'avez plus aucun motif réel qui vous oblige à l'ajourner. Tous les obstacles véritables consistent dans votre défaut de volonté et d'activité. L'influence que vous avez laissé prendre sur votre esprit à la faction ennemie des Bourbons, doit donc encore être condamnée, sous ce rapport, comme étant la cause principale qui vous détourne de travailler directement à la formation du système industriel. Sous ce point de vue, cette faction n'est pas moins anti-européenne qu'anti-française. Les autres peuples vos co-intéressés ont achevé de contribuer, autant qu'ils le devaient, au progrès de la cause commune : vous seuls ne vous élevez point au rôle qui vous est assigné, et c'est le misérable crédit que vous accordez à la féodalité de Bonaparte, qui vous retient dans cet état de subalternité politique. S'il était possible que cette faction anti-sociale vous fût assez chère pour que vous puissiez hésiter à l'abandonner à elle-même, d'après votre intérêt bien démontré, vous ne devriez pas du moins balancer un seul instant à le sacrifier à la cause générale de l'Europe occidentale, qui est aujourd'hui remise entre vos mains, et du triomphe de laquelle l'Europe attend avec confiance que vous vous occupiez.

Vous trouverez, Messieurs, des motifs encore plus pressans de détester l'influence de cette faction, si vous considérez maintenant combien elle vous laisse en arrière des autres peuples occidentaux sous un second rapport, sous celui du mode à adopter dans la mise en activité des perfectionnemens politiques.

Dans la révolution française, la royauté a été renversée, la dynastie qui l'exerçait a été proscrite, une partie de ses membres a été massacrée. Mais l'expérience des désastres de tous genres, qui ont été le résultat d'une telle direction, n'a point été perdue pour les autres peuples; l'Espagne, Naples et le Portugal viennent d'établir directement le régime parlementaire, en respectant avec soin la royauté et la dynastie qui l'exerce.

Ce besoin si généralement et si profondément senti de respecter la dynastie, n'a point été observé avec assez d'attention dans ces grands événemens. Un tel sentiment constate néanmoins un progrès très remarquable dans l'éducation des peuples; il

montre que les nations sont aujourd'hui arrivées
au point de savoir profiter de l'expérience les unes
des autres ; car il n'est pas douteux que c'est uniquement à l'exemple de la révolution française
qu'on doit attribuer une aussi sage disposition. On
peut apprécier quelle prudence admirable est dé-
rivée de cette grande leçon, en considérant surtout les Portugais, qui veulent avec ardeur le maintien d'une dynastie que son éloignement, depuis
plusieurs années, semblerait devoir leur faire considérer presque comme étrangère, et qui se bornent à solliciter le retour de quelqu'un de ses membres, sans que l'idée d'une autre dynastie se présente seulement à leur esprit.

Quel contraste, Messieurs, entre des sentimens
aussi éminemment raisonnables, et la déplorable
bonhomie avec laquelle vous accueillez les sug-
gestions ambitieuses des élèves de Bonaparte! Votre
expérience aura servi à toute l'Europe, et elle sera
pour vous seuls restée comme nulle!

Il y va du véritable honneur national de ne pas
vous montrer inférieurs en sagesse politique à des
peuples moins éclairés que vous, et dont le seul
guide est une expérience qui ne leur est point
personnelle.

Quand vous ouvrirez les yeux, quand vous se-
couerez le joug moral que la nouvelle noblesse est
parvenue à vous imposer, vous sentirez nécessai-

rement que, bien loin de rester en arrière des Espagnols, des Napolitains et des Portugais, sous le rapport que je viens d'indiquer, vous devez au contraire, sous ce même rapport, aller plus loin qu'ils n'ont été. Le perfectionnement que vous êtes appelés à introduire dans l'organisation sociale est beaucoup plus important que celui qu'ils ont transplanté chez eux ; de même, et par une conséquence naturelle, vous devez développer, en faisant admettre ce perfectionnement, une sagesse politique plus grande : je m'explique.

Ces mêmes nations qui ont donné le bel exemple d'un changement opéré dans le régime politique, en maintenant scrupuleusement les dynasties, ont eu le tort très grave, quoiqu'il soit peut-être excusable dans leur position, d'introduire cette réforme par l'intervention des militaires. Il n'est pas inutile d'observer que c'est précisément cette circonstance vicieuse et blâmable des révolutions d'Espagne, de Naples et du Portugal, qui est présentée par-dessus tout à votre admiration par la féodalité de Bonaparte, qui se garde bien d'insister sur le fait du maintien des dynasties. Mais vous tromperez, Messieurs, on doit l'espérer, son attente sous les deux rapports ; vous repousserez avec indignation toute tentative d'intervention des militaires dans le triomphe de la cause industrielle, si jamais on osait en essayer. C'est d'une manière paisible, et entiè-

rement légale, que doit être déterminé le mouvement d'organisation du régime industriel, mouvement qui, par sa nature, est purement moral, et
dans lequel la force physique ne saurait intervenir
sans le dénaturer. La seule mesure qu'il vous con-
vienne de prendre pour cela, doit consister dans
une adresse au Roi, signée de vous tous, Messieurs,
dans laquelle, d'une part, vous déclarerez à Sa
Majesté l'intention formelle de mettre un terme
décisif aux inquiétudes que peuvent causer à sa dynastie les projets des ambitieux de tous les partis, et
d'une autre part, vous la supplierez de vouloir bien
adopter les mesures nécessaires pour que désormais le budget soit fait et discuté uniquement par
des industriels.

Messieurs, les différentes considérations que j'ai
soumises à votre jugement, tant dans les Lettres
précédentes que dans celle-ci, me paraissent em-
brasser, sous tous les rapports de quelque importance, l'examen de l'opinion anti-bourbonienne.
Comme chacune d'elles n'a été présentée que d'une
manière sommaire, il est inutile que je vous en
offre une récapitulation.

D'après la critique individuelle de toutes les
prétendues raisons qu'on vous donne à l'appui de
cette opinion, vous devez vérifier ce que je vous
ai indiqué d'abord, que la véritable cause originelle

de la fâcheuse influence que vous avez laissé prendre
dans votre esprit à ce préjugé, est uniquement
dans vos habitudes d'inertie politique, de défiance
de vos lumières personnelles, et nullement dans
la force propre de cette opinion. Vous devez actuellement être convaincus que le seul motif réel
en vertu duquel cette funeste disposition habituelle
vous a entraînés vers cette opinion, est l'erreur
commise par la royauté de s'être faite imprudemment la protectrice de l'ancienne noblesse ; erreur
qui n'a de fondement solide que précisément à
cause de la protection aussi mal entendue, pour le
moins, que vous-mêmes accordez à la noblesse de
Bonaparte. Enfin, je crois pouvoir conclure, en
général, de tout cet examen, que soit comme Français, soit comme membres de la grande nation formée par les peuples occidentaux de l'Europe, vous
avez le plus grand tort de laisser prendre à la nouvelle féodalité aucun crédit sur vous ; que vous
commettez la faute la plus grave en lui confiant
vos intérêts généraux, et qu'en définitive, vous
jouez encore aujourd'hui le rôle que vous n'avez
pas cessé de jouer depuis 1789, le rôle de dupes
et d'instrumens entre les mains d'une troupe d'intrigans et d'ambitieux qui prennent tous les mas-
ques pour usurper votre confiance, et dont le but
réel et constant est la possession pleine et entière
du système d'arbitraire le plus vigoureux et le plus

dispendieux qui puisse exister dans l'état présent de la civilisation.

Je vais terminer ce travail par le résumé des considérations qui se rapportent en même temps au pouvoir royal et au pouvoir industriel. Ce résumé sera l'objet de la Lettre suivante.

J'ai l'honneur d'être,

MESSIEURS,

Votre très humble et très obéissant serviteur.

VIe LETTRE.

RÉSUMÉ DES LETTRES SUR LES BOURBONS.

AU ROI ET AUX INDUSTRIELS.

SIRE et MESSIEURS,

On ne peut pas se dissimuler que le pouvoir royal et le pouvoir industriel sont, en ce moment, l'un à l'égard de l'autre, dans une disposition antipathique éminemment préjudiciable à leurs intérêts respectifs. L'objet spécial de cet écrit a été de combattre, auprès de chacun des deux pouvoirs, cette défiance réciproque. Il me reste maintenant à leur offrir le résumé des principales considérations que je leur ai présentées dans cette vue, et l'exposé des conclusions générales qui en dérivent.

Sire et Messieurs, à l'origine de la révolution, la royauté a fait preuve des dispositions les plus favorables aux industriels, en accordant au tiers-état une double représentation dans les états-généraux: les industriels, de leur côté, ont manifesté d'une manière non équivoque leur vif attachement pour la royauté et pour la maison de Bourbon.

Mais presque aussitôt après ce premier moment, aucun des pouvoirs n'a persisté dans cette sage direction. Depuis cette époque, il ne s'est guère fait, de part et d'autre, que des fautes. Les torts ont toujours été réciproques et égaux : ils le sont encore aujourd'hui.

D'abord la royauté, cédant aux séductions de son entourage féodal et théologique, a pris fait et cause pour les privilégiés contre les industriels. Ceux-ci, d'un autre côté, entraînés par l'influence des légistes et par les doctrines des métaphysiciens, ont laissé renverser la royauté et proscrire la maison de Bourbon.

En second lieu, après cette funeste catastrophe, lorsque la féodalité française, étant allée, au nom de la maison de Bourbon, se placer sous la protection de la féodalité européenne, a déterminé son irruption sur la France, la royauté n'a point protesté contre l'abus qui a été fait de son nom ; elle n'a point rompu avec les privilégiés. D'une autre part, les industriels, au lieu de se borner à repousser une injuste agression, se sont laissé emporter à la passion militaire, et ils ont développé au plus haut degré, pendant quinze ans, à l'égard des autres peuples européens, un caractère rétrograde et anti-social.

Depuis la restauration, la royauté est entrée un instant dans la bonne voie ; d'abord, en établissant la constitution anglaise ; et plus tard , en faisant admettre les industriels à l'électorat. Mais malgré ces faits, on ne peut disconvenir que la royauté n'a suivi cette route qu'avec beaucoup d'hésitation , et qu'elle a laissé prendre à l'ancienne noblesse et au clergé une trop grande influence sur son système politique. Pareillement, les industriels, au lieu de marcher dans la carrière véritable du perfectionnement que la royauté leur avait ouverte , ont accordé leur confiance politique à la noblesse de Bonaparte et à sa clientelle , et se sont laissé entraîner par elles dans une direction hostile plus ou moins prononcée contre la maison de Bourbon.

Enfin , aujourd'hui la royauté se livre plus que jamais aux conseils de l'ancienne noblesse , et l'industrie à ceux de la nouvelle. La conduite de la royauté fait craindre aux industriels la prolongation des abus existans, et même la tentative du rétablissement de ceux qui furent abolis par la nation en 1789. Réciproquement , l'attitude politique des industriels, leurs préjugés contre la maison de Bourbon, peuvent inspirer à la royauté des inquiétudes sur son sort.

Sire et Messieurs, ce parallèle, qu'il serait facile de poursuivre dans les détails, vous prouve que, depuis le commencement de la révolution, la conduite politique de la royauté et celle des in-

15

dustriels ont été également vicieuses. Les courtisans respectifs des deux pouvoirs présentent à chacun d'eux les torts de l'autre, en s'attachant à nier ou à dissimuler les siens propres. Faite avec une telle perfidie, la récapitulation du passé ne tend sans doute qu'à fomenter et à entretenir la discorde (1).

---

(1). En observant la masse des hommes qui ont actuellement une opinion politique, on y remarque trois dispositions d'esprit différentes dans la manière de juger les choses et les personnes.

Les uns sont ou disent être persuadés que les opinions des gouvernans légitimes sont inaccessibles à l'erreur, que leur conduite est toujours, par sa nature, exempte de blâme, et qu'enfin les peuples sont trop heureux de se laisser conduire sans examen par ces êtres d'une nature supérieure.

D'autres fanatiques, réels ou simulés, jouent le même rôle dans un sens opposé. Ils ont transporté aux nations l'infaillibilité papale. Pour eux, ce qu'a fait une nation est raisonnable et juste, par cela seul qu'elle l'a fait. Si elle est en opposition avec son gouvernement, c'est toujours dans celui-ci nécessairement que se trouve tout le tort, sans qu'il soit nécessaire d'examiner plus amplement la question. Enfin, si vous avez le malheur de prétendre que trente millions d'hommes peuvent se tromper comme un seul individu, vous blasphémez, et vous courez le risque d'être mis à l'index comme anti-patriote.

Il paraît difficile de surpasser en absurdité des hommes qui veulent que, dans des querelles prolongées pendant une longue suite d'années ou même de générations, les

Mais, que le pouvoir royal et le pouvoir industriel fixent leur attention chacun sur le tableau de ses

---

torts aient été exclusivement et à tout jamais d'un seul côté. Cependant il y a une erreur encore plus étrange, c'est celle de vouloir que tout le monde se soit bien conduit, c'est-à-dire, en d'autres termes, que le mal n'ait point eu de cause.

Telle est la manie systématique d'une troisième classe d'hommes, que la sagesse de leurs intentions peut seule les faire excuser de la niaiserie de leurs opinions. Ces hommes voudraient s'élever au rôle de conciliateurs, et ils n'atteignent qu'à celui de *bonnes femmes*. Au lieu de faire vivement sentir à chacun les fautes qu'il a commise, pour en tirer tout à la fois des leçons salutaires, et le plus grand moyen de conciliation, la démonstration de la réciprocité des torts, ils prescrivent de ne jamais regarder dans le passé, afin, sans doute, de voir plus clair dans l'avenir. Ces hommes se croient modérés, comme si la modération consistait à fermer les yeux. Sans nier le malaise actuel du corps social, ils s'attachent à dissimuler scrupuleusement les fautes mutuelles du pouvoir royal et de la nation, qui en sont l'unique origine ; et cela, disent-ils, afin de ne point aigrir les passions. Ils ressemblent beaucoup à un médecin, qui, consulté sur une maladie grave, suite d'un excès de table, s'interdirait scrupuleusement de penser à cette cause dans la combinaison de son plan de traitement, afin de ne pas faire injure à son malade, en le soupçonnant de gloutonnerie, et qui, par cet excès de politesse, le laisserait périr.

Ces trois manières de voir concourent, par des moyens différens, à un but commun, celui de prévenir, ou du

propres fautes, et ils abjureront, d'un commun accord, leurs fatales préventions. La parfaite réciprocité des torts, ainsi que leur enchaînement mutuel, doit convaincre les deux pouvoirs qu'aucun n'est en droit d'accuser l'autre, et que leur exaspération n'est nullement fondée.

Ces injustes préventions étant une fois dissipées, de part et d'autre, et la raison pouvant se faire écouter, les industriels et la royauté ne doivent pas tarder à reconnaître que leurs intérêts les plus grands et les plus directs leur imposent la loi de s'unir intimement. C'est ce que je crois avoir

---

moins d'étouffer toute discussion approfondie, d'où pourrait seule résulter l'éclaircissement des idées politiques. Les deux premières s'y opposent directement, comme incompatibles avec elle. La dernière, sans la proscrire formellement, la rend impossible, en ôtant la seule base solide, l'observation du passé.

Et c'est entre ces trois dispositions d'esprit qu'ont lieu tous les débats politiques! Mais comment pourrait-il en être autrement? Ceux qui ont contracté les habitudes intellectuelles, et acquis les données positives, nécessaires pour traiter convenablement les questions politiques, ne s'en occupent pas : et ceux qui s'en chargent (en ne parlant même que des hommes bien intentionnés) ne remplissent aucune de ces conditions. Si cet état de choses ne devait point changer, il n'y aurait pas de raison pour que, dans un siècle, les idées politiques fussent plus nettes qu'elles ne le sont aujourd'hui.

établi dans les Lettres précédentes, par plusieurs considérations distinctes. J'ai démontré à la royauté qu'une liaison avec les industriels est pour elle le seul moyen réel de salut, et qu'elle court les plus grands et les plus pressans dangers, si elle ne se hâte d'organiser cette alliance. J'ai prouvé aux industriels qu'ils s'exposent à retarder et à entraver l'établissement du régime industriel, s'ils ne forment point promptement une ligue franche et indissoluble avec la maison de Bourbon.

Sire et Messieurs, une considération qu'il ne faut jamais perdre de vue, c'est que la combinaison que je propose du pouvoir royal et du pouvoir industriel, n'est point une innovation politique, et qu'elle est, au contraire, un simple rétablissement des rapports les plus anciens, qui, pour le commun intérêt de la royauté et des industriels, n'auraient jamais dû être abandonnés.

Depuis l'établissement de la dynastie des Bourbons et l'affranchissement des communes qui a commencé à peu près à la même époque, il a existé entre les industriels et la royauté une alliance politique continue. Cette alliance a été, pour chacun des deux pouvoirs, une des principales causes qui ont concouru au développement de son existence politique. Elle s'est maintenue jusqu'à Louis XIV, qui a détruit le rapport, en voulant faire tourner au profit exclusif de la royauté les résultats généraux

de l'action exécutée en commun, et en employant
une partie des forces du pouvoir royal à remplacer,
aux frais de l'industrie, par une existence nouvelle,
celle que la féodalité venait de perdre par l'effet de
cette action. Cette erreur capitale de la royauté a
constamment subsisté depuis cette époque ; elle
subsiste encore. Elle est le principe auquel doivent
être rapportées les fautes commises par le pouvoir
royal, depuis le commencement de la révolution.
Mais l'expérience des malheurs qui en sont résultés
pour la royauté et pour les industriels, démontre
irrésistiblement que les liens primitifs doivent être
renoués le plus promptement possible, que les
deux pouvoirs doivent se combiner de nouveau.

Leur première alliance avait eu pour objet la
destruction du pouvoir féodal : elle ne peut plus
avoir le même but, aujourd'hui que cette destruction est entièrement terminée. Son objet doit être
la préparation et l'organisation graduelle du régime industriel, qui doit nécessairement succéder
au régime féodal.

Après avoir avoir fixé le but actuel de la nouvelle combinaison de la royauté et de l'industrie,
j'ai dû, Sire et Messieurs, vous représenter la condition préliminaire qui doit être remplie des deux
parts, pour que cette alliance puisse se former.
Cette condition est facile à sentir : elle consiste,
d'un et d'autre côté, dans la suppression des deux

intermédiaires qui se sont interposés entre les
deux pouvoirs. Les rapports entre la royauté et
les industriels ne peuvent exister s'ils ne sont
directs.

Sire, Votre Majesté doit être pleinement con-
vaincue que les industriels ne pourront jamais se
lier franchement à la royauté, tant qu'elle accor-
dera quelque influence politique à l'ancienne noblesse, avec laquelle les industriels ont toujours
été, sont et seront toujours en opposition absolue.
Quelque danger qu'il y eût pour eux à laisser
triompher la noblesse de Bonaparte, ils y consen-
tiraient plutôt que de se voir gouvernés par les ex-
privilégiés. Les industriels ne seront en paix avec
l'ancienne noblesse, que du moment où elle renon-
cera définitivement à jouer aucun rôle politique.
Quoique cette antipathie soit fort exagérée dans
l'état actuel de la société, elle est cependant naturelle, et tout-à-fait indestructible, parce qu'elle est
le résultat des habitudes contractées depuis l'affranchissement des communes. C'est un fait dont il
est indispensable, Sire, que la royauté soit bien
pénétrée.

D'un autre côté, Messieurs, vous devez également être persuadés que toute liaison avec la noblesse de Bonaparte, est, de votre part, un obstacle
invincible à l'union franche de la royauté avec les
industriels. Si la protection accordée par le pouvoir

royal à l'ancienne noblesse vous inspire de l'inquiétude et de la défiance, le simple bon sens doit vous
faire comprendre que la royauté a bien, à son tour,
le droit de s'alarmer, avec autant de raison, de la
protection, aussi imprudente pour le moins, que
vous accordez au parti de la nouvelle noblesse.
Vous ne pouvez pas lui demander d'abandonner ses
protégés, sans congédier les vôtres.

Ainsi donc la royauté et l'industrie, afin de pouvoir s'unir intimement, doivent rompre, chacune
de son côté, avec les deux classes d'intrigans et
d'ambitieux qui entravent tous les rapports politiques. Ces deux factions n'ont que trop long-temps
occupé la scène; il est temps qu'elles rentrent pour
jamais dans leur nullité naturelle : alors les débats
politiques auront un caractère clair, ou, pour parler plus juste, il n'y aura plus de lutte; car ce sont
ces factions seules qui l'entretiennent, en empê-
chant la royauté et l'industrie de s'entendre et de
se combiner; ce sont elles seules qui aigrissent les
deux pouvoirs l'un contre l'autre.

Cette condition préliminaire indispensable étant
remplie, l'alliance du pouvoir royal et du pouvoir
industriel peut se former de deux manières différentes; car chacun des deux pouvoirs a des moyens
particuliers pour la déterminer. On peut dire qu'à
cet égard, leurs facultés sont à peu près équiva-
lentes, quoiqu'elles ne soient point les mêmes.

L'action nécessaire pour cela doit être envisagée sous deux rapports distincts : en elle-même d'a-d'abord, et ensuite quant à la volonté d'y concourir.

Or, si l'on examine maintenant de cette manière les moyens de la royauté, on trouve qu'ils sont très-grands sous le premier rapport, et très-faibles sous le second. Il n'est pas douteux que si le pouvoir royal était une fois bien convaincu de la possibilité, de l'utilité et de l'urgence de son alliance avec les industriels, il pourrait très-aisément en déterminer la formation immédiate. Il suffirait pour cela d'une simple ordonnance, qui établirait les dispositions nécessaires pour que le budget pût être fait et discuté, à l'avenir, par des industriels exclusivement. L'industrie répondrait certainement bientôt à cet appel, et dès lors la grande réorganisation sociale qui doit terminer la révolution, commencerait à s'effectuer : ce mouvement s'opérerait sans efforts et promptement. Mais si l'on considère combien les habitudes profondément enracinées de la royauté sont contraires à une telle action; combien, entourée de mille causes d'erreurs, il lui est difficile de connaître le véritable état des choses, et les mesures qui doivent être adoptées, on sentira qu'il est, non point impossible, mais peu probable que la royauté puisse avoir d'elle-même la volonté d'appliquer, au but dont il s'agit, les moyens im-

menses dont elle dispose. Si cela arrive, la royauté
aura montré une élévation d'esprit, et une fermeté
de caractère dont il y a bien peu d'exemples.

Les industriels, au contraire, n'ont aucun grand
effort à faire pour développer en eux cette volonté,
puisque leur intérêt à une alliance qui doit amener
l'établissement du régime industriel, est direct
et évident. Ils n'ont d'autre obstacle à vaincre,
sous ce rapport, que leurs habitudes de subalter-
nité et d'inertie politique, qui tendent de jour en
jour à s'évanouir, et leurs préventions contre la
maison de Bourbon, qui ne sauraient résister long-
temps à l'examen. Mais d'un autre côté, l'action
des industriels serait nécessairement beaucoup plus
lente que celle de la royauté, parce qu'elle serait
indirecte, devant avoir pour objet d'indiquer à la
royauté les mesures qu'il convient de prendre, et
de lui demander légalement de les adopter. Un tel
vœu, émis dans une adresse unanime, ouvrirait
certainement les yeux au pouvoir royal : mais,
néanmoins, il s'écoulerait encore un certain temps
avant qu'il eût reconnu l'utilité des mesures qui lui
auraient été présentées.

Ainsi, tout compensé, le pouvoir industriel et
le pouvoir royal ont des moyens à peu près égaux
de déterminer leur combinaison. Du reste, il importe peu que le premier pas soit fait par l'un ou
par l'autre ; car, de quelque pouvoir que dérivât

l'impulsion, l'action ne tarderait guère à devenir réciproque.

La discussion précédente amène naturellement à une considération de l'ordre le plus élevé, par laquelle je dois compléter cet examen.

Dans ces deux manières dont peut être déterminée la grande alliance qui doit avoir pour objet l'établissement du régime industriel, il y a une condition commune, qui est la plus importante et la plus difficile à remplir, ou plutôt, qui constitue à elle seule toute la difficulté. Que ce soit le pouvoir royal ou le pouvoir industriel qui donne la première impulsion, il faut d'abord, pour que ce grand mouvement moral puisse avoir lieu dans toute sa plénitude, et sans être entravé dès sa naissance, il faut que la conviction de l'utilité du but, de la possibilité de l'atteindre paisiblement, et par conséquent, la connaissance générale nette du régime à organiser, et de la marche qui doit être suivie à cet effet, existent de part et d'autre. Tout cela est évidemment indispensable pour déterminer, à cet égard, une volonté sage, ferme et soutenue dans les deux pouvoirs. Mais il est clair aussi que cette volonté sera déterminée, de toute nécessité, d'un côté ou de l'autre, et par suite, des deux côtés, aussitôt qu'on aura satisfait à ces quatre conditions fondamentales. Or, si on les examine avec attention, on verra qu'elles peuvent se résumer en une seule, le besoin d'une doctrine.

Oui, Sire, oui, Messieurs, le besoin d'une doctrine philosophique, proportionnée à l'état des lumières, est aujourd'hui le besoin le plus grand du corps social, le plus fortement senti par toutes les têtes pensantes, celui qui est le moins susceptible d'ajournement.

Ce n'est point auprès de Votre Majesté, Sire, qu'il est nécessaire d'insister, pour en faire sentir toute l'importance. Du point de vue élevé et général où la royauté se trouve placée par la force des choses, ce besoin est naturellement le premier qui fixe son attention, celui sur lequel porte sa plus vive sollicitude. Mais il est un autre fait essentiel que mon devoir m'ordonne de remettre sous les yeux de Votre Majesté, parce que la royauté n'a pas les données nécessaires pour l'apprécier suffisamment. Ce fait, c'est que les anciennes doctrines ne peuvent plus servir de base à la société, et que, par conséquent, plus on sent l'importance sociale d'un système d'idées générales, plus on doit désirer ardemment qu'un système nouveau soit promptement organisé, pour remédier à la décrépitude de l'ancien système, qui ne lui permet plus d'exercer aucune action réelle. Cette nullité d'action presque totale n'a point échappé, sans doute, à Votre Majesté. Mais en ne considérant que dans le présent le déclin des anciennes doctrines, sans

suivre historiquement les progrès continus de
cette décadence dans les quatre siècles précédens,
la royauté se trouve exposée à une erreur dont il
lui est presque impossible de se garantir, et qui
consiste à croire que, si les doctrines théologiques
et féodales sont aujourd'hui sans force, on peut,
par des moyens suffisamment étendus, les rétablir
dans leur ancien empire. Cet espoir est naturel,
Sire, mais il n'en est pas moins complétement er-
roné. Il est d'autant plus préjudiciable qu'il tend à
prolonger l'agonie morale dans laquelle se trouve
la société, et que peut seule faire cesser l'organisation d'une doctrine nouvelle. Sire, un système
que les siècles avaient édifié, et que les siècles ont
détruit, ne peut plus être rétabli. La destruction
des anciennes doctrines est complète, radicale et
irrévocable. Elles obtiendront toujours un souvenir
de reconnaissance et de vénération, de la part de tous
les véritables penseurs et de tous les gens de bien,
pour les innombrables et éminens services qu'elles
ont rendu à la civilisation pendant la longue époque de leur maturité; mais la mémoire des vrais
amis de l'humanité est désormais leur seule place,
elles ne peuvent plus prétendre à l'activité. On
aime le vieillard caduc qui a dignement rempli sa
carrière, on lui tient compte du bien qu'il a fait,
mais on ne l'appelle plus à exercer les fonctions
du jeune homme.

Pour vous, Messieurs, qui savez parfaitement combien les anciennes doctrines sont aujourd'hui dépourvues de force et de vie, il est indispensable que vous sentiez vivement le besoin d'une nouvelle doctrine générale, appropriée à l'état présent de la civilisation et des lumières. Une société ne peut pas subsister sans idées morales communes; cette communauté est aussi nécessaire au spirituel, que l'est au temporel la communauté d'intérêts. Or, ces idées ne peuvent être communes, si elles n'ont pas pour base une doctrine philosophique universellement adoptée dans l'édifice social; cette doctrine est la clef de la voûte, le lien qui unit et consolide toutes les parties. Croyez-vous, en bonne foi, Messieurs, que la critique des idées théologiques et féodales faite, ou du moins terminée par les philosophes du dix-huitième siècle, puisse tenir lieu d'une doctrine? La société ne vit point d'idées négatives, mais d'idées positives. Elle est aujourd'hui dans un désordre moral extrême, l'égoïsme fait d'effrayans progrès, tout tend à l'isolement. Si les infractions aux rapports sociaux ne sont ni plus grands, ni plus multipliés, cela tient uniquement à l'état très-développé de la civilisation et des lumières; d'où il résulte, dans la généralité des individus, des habitudes profondes de sociabilité, et le sentiment d'une certaine communauté des intérêts les plus grossiers. Mais si la cause du mal, le défaut d'une doctrine susceptible de toute l'influence nécessaire se prolongeait encore, ces habitudes et ce sentiment seraient insuffisans pour mettre un frein à l'immoralité générale et particulière. Que des écrivains et des parleurs superficiels blâment sans discernement la royauté des tentatives qu'elle fait pour ranimer les anciennes doctrines, vous devez apprécier ces critiques à leur juste valeur. Sans doute, la royauté se trompe en agissant ainsi; mais ce n'est point sur la nature du mal ni sur sa cause : à cet égard, elle voit mieux que vous, et plus loin, en vertu de l'élévation naturelle de son point de vue. Elle se trompe uniquement sur le remède, en croyant possible le rétablissement chimérique d'un système d'idées décrépit. Le progrès des lumières permet, et commande même, de remplacer ce système par un autre plus parfait. Mais laisser périr l'ancien système sans lui en substituer un nouveau, est une idée absolument fausse, qui n'a pu être produite et accréditée que par des déclamateurs ignorans et bornés. L'exécution de cette idée (si elle était possible), bien loin d'être un perfectionnement de la civilisation, serait, au contraire, une véritable et immense rétrogradation vers la barbarie.

Ce n'est pas seulement, Messieurs, sous un rapport purement national, que vous devez envisager ce besoin si profond d'une doctrine. Vous devez le

considérer aussi sous le rapport européen. Une
doctrine générale, en effet, doit maintenir l'ordre
entre les différentes nations assez avancées pour
pouvoir l'adopter, aussi-bien qu'entre les divers
individus d'une nation unique. L'ancien système
a rempli cette importante fonction, pendant l'époque de sa pleine activité, autant que l'état de la
civilisation le permettait alors. Le nouveau système, comme lui étant supérieur, peut et doit servir de lien européen plus complétement encore (1).
Il est même très-essentiel d'observer, Messieurs,
que, sous ce rapport, la formation de la doctrine
qui doit servir de base au système industriel, comme
l'ancienne a servi de base au système féodal, est
d'une nécessité tout-à-fait urgente; car cette doctrine est indispensable pour tranquilliser sur vos
intentions les gouvernemens, et même les peuples
européens, qui n'ont pas perdu le souvenir des

(1) Le lien sera surtout plus complet, en ce qu'il sera
à la fois temporel et spirituel, tandis que, dans l'ancien
système, il n'y avait de lien entre les différens états de
l'Europe que sous le rapport spirituel : il y avait opposition directe sous le rapport temporel. Mais il ne faudrait
pas croire que le lien temporel, très-positif et très-précieux,
qui existe aujourd'hui entre eux, jusqu'à un certain degré, par le développement de l'industrie, et qui tend à
se resserrer de plus en plus, pût dispenser d'un lien spirituel.

dévastations commises en Europe par les chefs de la faction à laquelle vous accordez si follement votre confiance politique.

Les souverains, Messieurs, sans être aussi éclairés ni aussi irrépréhensibles que le prétendent leurs courtisans, ne sont pas non plus aussi insensés, ni aussi malintentionnés que veulent le faire croire leurs adversaires; quoique les vices de leur éducation ordinaire tendent constamment à leur masquer le véritable état des choses, ils finissent néanmoins par sentir peu à peu le besoin des perfectionnemens réels, qu'exige positivement l'état de la civilisation et des lumières. Vous en avez eu dans ces derniers temps des preuves multipliées, et jusque dans l'Orient de l'Europe (1), quoiqu'il soit beaucoup moins avancé que l'Occident. Ils repoussent fortement les doctrines purement critiques, et par conséquent révolutionnaires, parce qu'elles ne tendent qu'à placer dans de nouvelles mains les pouvoirs existans; et en cela, ils agissent conformément à l'intérêt général, en même temps qu'à leur intérêt particulier. Mais l'expérience et l'analogie vous

_____

(1) C'est ce qu'établit de la manière la plus nette et la plus remarquable, le discours prononcé par Sa Majesté l'Empereur de Russie, à l'ouverture de la dernière diète de Pologne. Ce discours est tout-à-fait marquant par la justesse et la sagesse de plusieurs idées qu'il contient.

16

sont un sûr garant qu'ils ne repousseront pas une doctrine vraiment organisatrice.

Je sortirais, Messieurs, des bornes que me pres-crit le cadre actuel de mes idées, si j'insistais plus long-temps sur la démonstration du besoin immi-nent où vous êtes d'une doctrine pour le succès de votre cause. Mon but sera atteint pour ce moment, si j'ai réussi à éveiller votre attention sur cette donnée fondamentale de votre situation politique. Tous mes travaux ultérieurs auront désormais pour objet, de vous développer la démonstration que je n'ai pu actuellement que vous indiquer, et de vous faire sentir le véritable caractère de la doctrine qui doit servir de base au régime industriel, d'une part en vous en exposant les principes généraux, et d'une autre part en les discutant avec vous. Ces Lettres sur les Bourbons ne sont qu'un préliminaire de mon travail philosophique; préliminaire que j'ai cru nécessaire, afin de signaler et de combattre, auprès de la royauté et de l'industrie, les préjugés réciproques qui s'opposent à leur union indispen-sable. Cette introduction étant terminée, je m'oc-cuperai directement, dans les Lettres suivantes, de mon but spécial. Permettez-moi, Messieurs, de finir celle-ci en vous indiquant, d'une manière générale, la marche à suivre dans la formation de votre doc-trine, ainsi que je viens de le faire relativement au besoin que vous en avez.

Messieurs, la doctrine qui doit servir de base au système industriel ne peut point évidemment être faite par vous. Un immortel physiológiste, Bichat, a établi comme une loi de l'organisation humaine que les différentes capacités dont l'esprit humain est susceptible s'excluent mutuellement. L'expérience et le bon sens vous confirment journellement dans la vérité de cette maxime éminemment sociale, qui fonde sur une base inébranlable la nécessité des séparations et des combinaisons de travaux. Possédant à un haut degré la capacité pratique, vous ne pouvez point posséder, Messieurs, la capacité théorique positive. Elle est le partage exclusif des savans adonnés à l'étude des sciences positives, c'est-à-dire des physiologistes, des chimistes, des physiciens, et des géomètres. C'est à eux seuls qu'il appartient de vous faire une théorie; eux seuls, entre tous les hommes occupés de travaux d'intelligence, ont, en même temps, contracté les habitudes d'esprit nécessaires pour suivre cette entreprise, eux seuls ont acquis les données indispensables. Les légistes, les métaphysiciens, et les littérateurs qui aujourd'hui sont tous plus ou moins métaphysiciens, ne doivent pas avoir plus de part à ce travail que les théologiens.

Pour déterminer les savans à organiser la doctrine industrielle, deux conditions doivent être remplies. L'une, par vous; et elle doit consister

dans la garantie que vous offrirez aux savans qui
voudront coopérer à ce travail d'obtenir une existence à l'abri des caprices des gouvernans, qui
pourraient, dans l'origine, étant mal conseillés, vouloir s'opposer à cette entreprise, et qui tiennent
presque tous les savans dans une étroite dépendance temporelle. Quand même l'opposition des
gouvernemens n'existerait pas, en effet, ce que je
suis très porté à croire, au moins pour l'instant où
le caractère de l'entreprise sera bien établi, néanmoins l'inquiétude que les savans en concevraient
serait suffisante pour ralentir leur zèle. Vous devez
donc donner aux savans une entière sécurité sous
ce rapport, et cela dépend absolument de vous.

La seconde condition dont j'ai parlé est d'une
autre nature. Les savans ont bien et les élémens du
travail théorique nécessaire pour la formation de
la doctrine industrielle, et les dispositions intellectuelles indispensables pour cela ; mais il leur manque
l'idée générale de ce travail, sans laquelle néanmoins il ne pourrait être mis en activité, puisqu'il
faut qu'un noyau de doctrine serve de lien aux
élémens complets, mais isolés, que les savans possèdent, pour que la combinaison de leurs capacités
individuelles puisse avoir lieu. C'est aux philosophes
positifs, c'est-à-dire aux hommes occupés à observer et à coordonner les généralités positives, qu'il
ppartien t de remplir cette importante fonction.

Aucun philosophe ne se présentant pour obéir à cette grande mission, que l'état de la civilisation met réellement à l'ordre du jour, j'ai osé m'en charger. Je serai heureux si mon travail peut déterminer à s'en occuper un philosophe positif plus habile, ou si bientôt je puis avoir assez avancé l'entreprise pour pouvoir la remettre entre les mains des savans, ce qui est l'objet de tous mes vœux.

Afin de compléter, autant qu'il sera possible, l'aperçu rapide et général de la marche qui doit être suivie pour l'établissement de la doctrine philosophique industrielle, je dois ajouter une observation importante.

A la manière dont je viens de vous parler, les conditions nécessaires pour coopérer à ce grand travail théorique peuvent paraître trop exclusives. Il vous semble, sans doute, que les métaphysiciens, les littérateurs et les publicistes distingués que nous possédons, ne seraient pas de trop dans un tel travail. Mais il est fort essentiel de ne pas confondre, comme vous le faites vraisemblablement, la formation de la doctrine avec sa vulgarisation. Pour la première, les savans positifs seuls peuvent et doivent y coopérer. Admettre des collaborateurs d'un autre genre de capacité serait un moyen infaillible de dénaturer le travail, et de le rendre aussi incohérent que l'Encyclopédie. Mais, à mesure que la

doctrine sera formée, elle devra passer entre les
mains des hommes qui peuvent la répandre, et en
faciliter l'adoption par quelque moyen que ce soit,
rôle auquel les savans sont naturellement impropres. Cette seconde espèce d'action, quoique beaucoup plus facile à exercer que la première, n'est
pas moins indispensable qu'elle au succès intégral
de l'entreprise, à l'établissement de la doctrine industrielle. Or, sous ce rapport, non-seulement les
littérateurs, les métaphysiciens, les théologiens
même, mais tous les hommes qui, sans être occupés
de travaux d'intelligence, exercent sur l'esprit d'un
certain nombre d'individus une influence quelconque, sont appelés à participer au succès de ce grand
travail, s'ils en ont la volonté.

Sire et Messieurs, la grande révolution à laquelle
touche l'espèce humaine est absolument neuve
dans son histoire; elle est pour elle un point de
départ absolument nouveau. Jusqu'à présent le système primitif fondé sur la force et sur la ruse, et
dont l'origine remonte au berceau de la société, a
toujours subsisté. Les révolutions les plus importantes n'ont fait encore qu'opérer dans ce système
des modifications plus ou moins considérables, qui
n'en ont point changé la nature intime. C'est aujourd'hui, pour la première fois, qu'en résultat
final de toutes ces modifications préparatoires,
l'espèce humaine passe au système absolument op-

posé, à celui qui, au temporel, est fondé sur un intérêt positif commun, et, au spirituel, sur les démonstrations positives. Tous les travaux de l'espèce humaine, depuis sa réunion en société, jusqu'à présent, doivent être envisagés comme ayant eu pour objet de la préparer à l'établissement de ce système, à la formation immédiate duquel elle se trouve maintenant appelée dans les pays les plus civilisés, et spécialement en France.

L'époque qui présente le plus d'analogie avec la nôtre, est celle où la partie civilisée de l'espèce humaine a passé du polythéisme au théisme, par l'établissement de la religion chrétienne. Cette époque est donc la seule dans laquelle nous devions chercher quelques indices probables de la marche générale que suivront aujourd'hui les événemens. Or, dans cette mémorable révolution morale, on distingue très clairement les deux sortes d'actions que je viens d'indiquer : d'une part, la doctrine chrétienne a été coordonnée systématiquement par les philosophes de l'école d'Alexandrie ; d'une autre part, elle a été prêchée et répandue par des hommes sortis de toutes les classes, et même de celles dont l'intérêt particulier était le plus en opposition avec le nouveau système. Il en sera absolument de même de la doctrine industrielle. Les savans positifs seuls concourront à sa formation. Mais toutes les classes de la société, sans en excepter celles des

propriétaires oisifs, des légistes, des militaires et
même des princes, lui fourniront des apôtres animés du plus grand zèle. Tous seront appelés, et
beaucoup seront élus.

J'ai l'honneur d'être,

MESSIEURS,

Votre très humble et très
obéissant serviteur.

POST SCRIPTUM.

MESSIEURS,

Vous êtes actuellement fort effrayés du résultat
des élections qui viennent d'avoir lieu. La majorité
qu'elles assurent pour la session prochaine au parti
de l'ancienne noblesse, vous fait craindre pour le
succès de la cause industrielle. Cet effroi est absolument chimérique, et vous avez bien plutôt sujet
de vous réjouir.

Permettez-moi d'abord, Messieurs, de vous rappeler au sentiment de votre dignité politique, de
votre prépondérance sociale. Quelle faible idée
avez-vous de vos moyens, de la force de votre
cause, si vous croyez que son succès puisse être
compromis par la composition plus ou moins mauvaise d'une législature? Votre cause est plus ro-
buste que vous ne pensez : puisqu'elle a pu résis-

ter à tous vos amis depuis 1789, elle saura bien résister à vos ennemis. Que le parti de la nouvelle noblesse soit désappointé par les dernières élections, je le conçois : son existence factice et éphémère, est, en effet, vivement menacée. Mais vous, Messieurs, si vous avez le bon esprit de ne pas prendre ses intérêts pour les vôtres, que pouvez-vous redouter d'un tel événement? Le triomphe de la cause industrielle est le résultat nécessaire de tous les progrès que la civilisation a faits jusqu'à ce jour, non-seulement en France, mais dans toute l'Europe occidentale : aucune puissance humaine ne saurait l'empêcher.

A la vérité, ce triomphe pourrait être retardé pendant un temps plus ou moins long ; mais j'espère vous prouver, Messieurs, que, bien loin d'avoir un tel effet, le résultat des dernières élections doit tendre à avancer sensiblement le jour de votre succès décisif, et que, par conséquent, au lieu de vous en plaindre, il faut, au contraire, vous en féliciter.

La démonstration que je vous annonce sera l'objet d'un travail spécial, que je me propose de mettre sous vos yeux d'ici à peu de temps. Je parviendrai, je crois, à vous convaincre que, à défaut d'élections toutes industrielles (que vous n'étiez point encore en mesure d'obtenir cette année), celles qui ont eu lieu sont les plus favorables que vous pussiez souhaiter pour vos intérêts. J'emploierai, à cet effet, plusieurs considérations distinctes. Je me borne aujourd'hui à vous en indiquer une seule ; c'est l'aperçu de ce qui arrivera vraisemblablement, en résultat direct et immédiat des élections dernières. Je suis obligé, quant à présent, pour vous présenter cet aperçu le plus promptement possible, de me renfermer presque dans l'énoncé pur et simple de mes conjectures : votre jugement en appréciera la probabilité.

L'ancienne noblesse, se trouvant en majorité à la chambre des communes dans la session prochaine, soit par elle-même, soit par sa clientelle, il n'est pas douteux qu'elle prendra son essor dans le sens rétrograde ; elle tendra directement et de tout son pouvoir à la restauration de ses priviléges, et même à la restitution de ses biens. En un mot, elle travaillera au rétablissement de l'ancien régime, avec toute l'énergie de gens persuadés qu'il s'agit d'un dernier effort, et qu'il faut, à tout prix, profiter d'une occasion qui ne se reproduirait plus. Le ministère leur prêchera la modération ; mais la passion sera trop vive pour qu'il puisse être écouté.

Aussitôt que la direction rétrograde se prononcera, l'inquiétude se répandra parmi les acquéreurs de domaines nationaux, et bientôt un mécontentement général commencera à se manifester dans la nation. A la première tentative de quelque

importance faite par l'ancienne noblesse, ce mécontentement se changera en une vive opposition,
qui croîtra de jour en jour.

La féodalité de Bonaparte ne manquera pas d'in-
triguer pour tirer parti d'une telle disposition ; elle
emploiera toute l'influence qu'elle exerce sur les
esprits, pour essayer de déterminer la nation à un
changement de dynastie.

L'opposition nationale clairement manifestée, et
les chances évidentes de succès qui en résulteront
pour les projets ambitieux de la nouvelle noblesse,
alarmeront la maison de Bourbon. Elle commencera
à ouvrir les yeux ; elle reconnaîtra que sa liaison
avec l'ancienne noblesse, bien loin de lui offrir un
soutien, ne tend, au contraire, qu'à compromettre
son existence, en la constituant aux yeux de la
nation, en opposition ouverte avec le vœu fortement prononcé de l'immense majorité.

C'est alors, Messieurs, que si vous savez tenir
une conduite dictée à la fois par les impulsions de
la générosité et par les calculs de la prudence,
vous pourrez déterminer sur-le-champ le commencement du triomphe de la cause industrielle.

Dans un état de choses tel que celui que je
viens de décrire, la maison de Bourbon sentira infailliblement la nécessité de changer pour jamais
son système de politique ; elle sera portée, d'une
part, à arrêter les tentatives de l'ancienne noblesse,

en dissolvant la chambre des communes; et, d'une autre part, elle cherchera à se procurer un appui solide qu'elle ne peut évidemment trouver qu'en vous. Néanmoins, l'incertitude de vous trouver favorablement disposés pour elle, la tiendrait vraisemblablement en hésitation. Mais si au lieu d'attendre qu'elle demande votre alliance, vous vous empressez de la lui offrir, vous ne pouvez pas douter qu'elle ne soit acceptée avec toute bienveillance, et maintenue avec franchise. Exprimez-lui alors dans une adresse la volonté ferme et unanime de l'industrie française de faire immédiatement cesser le danger de la position dans laquelle les circonstances de ce genre placeraient la maison de Bourbon, et de garantir à tout jamais la possession paisible de la royauté dans sa dynastie envers et contre tous les ambitieux. En échange d'un service aussi capital, vous la trouverez évidemment disposée à se mettre à votre tête, à s'investir du caractère industriel, et à adopter toutes les mesures nécessaires pour que le budget soit fait et discuté par vous, et conséquemment pour vous. Par là, le travail organique du régime industriel sera de fait mis en activité. Dès ce moment, ce régime se constituera peu à peu légalement sans efforts, sans crise, et pour ainsi dire de lui-même, à mesure que les idées se formeront et s'éclairciront.

Le succès que doit obtenir la marche que je viens de vous indiquer, me semble dériver nécessairement de l'avenir politique très prochain dont je vous traçai l'esquisse. Or, cet avenir me paraît devoir être le résultat inévitable de la majorité dont l'ancienne noblesse va se trouver en possession dans la chambre des communes par le fait des élections dernières. Mais pour dissiper, à cet égard, toute incertitude, je crois devoir vous présenter sommairement une autre considération fondée sur une expérience directe et peu éloignée.

Vous ne doutez nullement, Messieurs, que le rôle que va jouer l'ancienne noblesse, dans la session prochaine, ne soit à peu de chose près la répétition de celui qu'elle a joué en 1815. Seulement il est très probable que, sans s'amuser encore à ses vengeances, elle marchera plus directement au but de recouvrer ce qu'elle a perdu, circonstance qui rend encore plus vraisemblable la reproduction des conséquences de 1815.

Or, quelles ont été ces conséquences, Messieurs? D'abord, l'ordonnance qui a congédié les introuvables, et, dans la session suivante, l'adoption de la mesure politique la plus importante qui ait été prise depuis 1789, en faveur de l'industrie, c'est-à-dire, de la loi qui a admis une portion notable d'entre vous à l'électorat.

La conduite que la royauté a tenue dans de telles circonstances, vous est un sûr garant, Messieurs, que celle qu'elle tiendra dans les circonstances analogues qui se préparent, vous sera au moins aussi avantageuse. Mais il est évident qu'elle le sera beaucoup plus si vous déployez, dans cette occasion, la générosité et la sagesse qui conviennent à votre caractère politique. En premier lieu, les circonstances seront nécessairement encore plus pressantes qu'en 1815 pour la maison de Bourbon, parce que les fautes que fera l'ancienne noblesse seront plus graves. En second lieu, si vous adoptez franchement et irrévocablement des sentimens favorables à la maison de Bourbon, et que vous lui en donniez une preuve décisive en la préservant des périls auxquels vont l'exposer les folies de l'ancienne noblesse et l'ambition de la nouvelle, vous ne sauriez douter qu'elle ne soit disposée, abstraction faite de tout autre motif, à traiter avec vous plus favorablement encore qu'après la session de 1815. Rappelez-vous, en effet, qu'à cette dernière époque, vous veniez de laisser faire le 20 mars, et que vous montriez des apparences très propres à inspirer de la défiance à la maison de Bourbon. Si donc la session de 1815 vous a valu votre admission à l'électorat, dans une certaine proportion, vous devez naturellement penser, par les deux motifs précédens, que celle qui va s'ouvrir pourra vous valoir, votre conduite étant supposée telle qu'elle doit être, la formation et la discussion du budget par vous, c'est-à-dire, la mesure qui vous ouvre directement l'entrée du régime industriel.

Ainsi, Messieurs, tout bien considéré, il se trouve que ces élections du résultat desquelles vous êtes si singulièrement effrayés, peuvent vous amener, suivant toutes les chances naturelles, et assez prochainement, à l'alliance décisive et si désirable de la royauté et de l'industrie, et au commencement d'organisation du régime industriel, but constant de tous vos vœux et de tous vos efforts. Il serait vraiment impossible de concevoir de toute autre manière des circonstances aussi probables, où votre cause pût faire autant de progrès en aussi peu de temps. Croyez-vous, en bonne foi, que vous puissiez obtenir des succès d'une telle importance, en supposant que vous fussiez parvenus à peupler la Chambre des communes de généraux de Bonaparte et de beaux parleurs?

Après vous avoir exposé les heureuses conséquences que peut avoir pour votre cause le résultat des élections dernières, et après vous en avoir fait pressentir la probabilité, il me reste, Messieurs, à appeler toute votre attention sur la condition que vous devez indispensablement remplir, pour que ces espérances n'avortent point. Elle consiste, ainsi que je l'ai indiqué plus haut, à vous mettre en état de développer, aussitôt que les circonstances qui se préparent seront arrivées à maturité, le caractère de générosité et de sagesse politique, dont je vais en peu de mots vous retracer l'esquisse. D'une part, vous devez offrir votre appui avec empressement à la maison de Bourbon, au moment du danger; et, d'une autre part, vous devrez réclamer d'elle le droit de formation et de discussion du budget, que, en reconnaissance d'un tel service, elle se glorifiera de vous accorder.

Ce double but exige, de votre part, Messieurs, une double préparation ; l'une, dans vos habitudes; l'autre, dans vos idées.

Pour que vous puissiez vous lier franchement à la maison de Bourbon, il faut que vous soyez revenus de l'injuste défiance que la féodalité de Bonaparte vous a inspirée contre elle; il faut, en général, que vos opinions soient suffisamment purgées de l'influence des militaires et des légistes, qui tend toujours, par sa nature, à mêler à votre désir du perfectionnement des institutions sociales, ses idées insurrectionnelles, soit militaires, soit populaires.

Pour que vous puissiez réclamer le droit de faire et de discuter le budget, il faut évidemment que vous ayez arrêté vos vues sur la manière d'exercer ce droit, et que, de plus, la supériorité du budget

que vous ferez sur tous ceux qui ont été faits jusqu'à ce jour soit suffisamment constatée et sentie;
il faut, en un mot, que vous ayez une doctrine.

Vous concevez sans peine, Messieurs, combien
il est indispensable que les circonstances que je
vous ai signalées vous trouvent prêts sous ces deux
rapports. Mais vous voyez avec la même facilité,
d'après l'aperçu que je vous ai présenté, que si
cette double condition est bien remplie par vous,
le commencement du triomphe de la cause industrielle vous est presque infailliblement assuré, par
ces mêmes circonstances, pour une époque très
rapprochée. Tout se réduit donc, de votre part,
à cette importante préparation, qui est, sans con-
tredit, difficile à compléter dans le délai probable
que vous pouvez présumer, mais qui est fort loin
d'être impossible, si vous le voulez avec énergie,
et si vous vous y déterminez promptement.

C'est ici, Messieurs, je ne crains pas de vous le
dire ouvertement, que vous pouvez en quelque
sorte toucher au doigt l'utilité positive, directe et
immédiate, de l'entreprise que j'ai formée; car
vous pouvez la considérer dès ce moment comme
ayant pour objet de contribuer, autant que la philosophie peut le faire, à vous mettre en état de
remplir la double condition dont je viens de vous
parler, et qui doit amener le triomphe de la
cause industrielle. Tous mes travaux, en effet, ont

17

tendu, tendent, et tendront toujours, et plus spécialement dans la session qui va s'ouvrir, d'une
part, à développer en vous le sentiment de votre
valeur politique, à combattre l'influence des militaires et des légistes sur votre esprit, enfin à dissiper
vos préjugés contre la maison de Bourbon, et à
vous déterminer à vous lier avec elle, en la plaçant
à la tête de la cause industrielle ; d'une autre part,
à rassembler et à coordonner systématiquement les
élémens de la doctrine qui nous convient, et à en
démontrer la supériorité sur toutes celles qui l'ont
précédée. Une telle entreprise tend évidemment,
et de la manière la plus directe possible, pour un
travail philosophique, au grand but d'utilité prochaine dont les considérations précédentes, quelque resserrées qu'elles soient, établissent incontestablement la réalité. Ce but sera atteint, j'en ai
la confiance intime, si mes efforts parviennent à
déterminer, dans la majorité des chefs industriels,
l'activité suffisante. Mais, pour cela, la coopération
des plus zélés d'entre eux m'est indispensable. J'ose
donc les engager franchement à me seconder. Je
puis penser, sans présomption, que mon entreprise
philosophique, ou toute autre équivalente, vous
est nécessaire pour pouvoir obtenir le grand succès
dont je viens de vous entretenir. Car enfin, Messieurs, prenons les choses comme elles sont ; il
vous faut absolument une théorie ; sans cela, vous

ne ferez ni le pas dont je vous parle, ni aucun autre de quelque importance. Or, cette théorie, nul autre publiciste, nul autre philosophe ne s'occupe de vous l'organiser, quoiqu'il en existe un grand nombre sans doute qui s'en acquitteraient avec beaucoup plus de capacité.

En résumé, Messieurs, il s'agit aujourd'hui de l'affaire la plus capitale pour vous et pour la royauté. Le résultat des dernières élections vous donne tout lieu d'espérer que, si vous savez profiter sagement des circonstances avantageuses dans lesquelles il va vous placer, vous pourrez déterminer, dans un an peut-être, la consolidation de la royauté dans la dynastie des Bourbons et le commencement du triomphe de la cause industrielle. Oui, Messieurs, dans un an peut-être, si, pendant que l'ancienne noblesse va se livrer à ses incartades, vous savez vous préparer dignement au système de conduite que vous devez adopter, et dont je vous ai indiqué les bases, les inquiétudes de la maison de Bourbon se dissiperont pour jamais, la royauté commencera à prendre le caractère industriel, et vous serez solennellement investis de la formation et de la discussion du budget. Si vous hésitez, au contraire, à suivre un tel plan, si vous continuez à vous laisser diriger par la féodalité de Bonaparte, l'existence de la maison de Bourbon sera compromise, et le succès de la cause industrielle sera retardé de plusieurs années peut-être.

Entre ces deux perspectives, il n'y a point sans doute à balancer ; mais il ne suffit pas de désirer la fin, il faut vouloir les moyens. Les voudrez-vous? L'entreprise que j'ai formée tend à vous procurer le plus indispensable de tous ces moyens, une doctrine. La seconderez-vous?

Nota. Je me suis exprimé, Messieurs, d'une manière très affirmative sur l'avenir politique que je présume devoir être le résultat immédiat de la majorité parlementaire que l'ancienne noblesse vient d'obtenir par les dernières élections. Ce n'est pas que je regarde comme impossible que les choses se passent autrement que je ne l'ai décrit, quoique je considère la série d'événemens que j'ai indiqués comme la plus probable. J'ai voulu seulement, en m'exprimant ainsi que je l'ai fait, rendre le tableau de cet avenir plus simple à vos yeux, afin de fixer toute votre attention sur les conséquences que j'en ai déduites relativement au système de conduite que vous devez adopter. Du reste, il serait absolument possible que la royauté s'aperçût du précipice dans lequel va tendre à l'entraîner l'ancienne noblesse, avant que celle-ci eût fait aucun pas rétrograde de quelque importance. Si cela devait avoir lieu, il y aurait sans doute un tiraillement de moins dans le corps social. Mais je dois vous faire observer que le plan de conduite politique

dont je vous ai tracé l'esquisse n'en serait nullement changé, et qu'il resterait toujours celui que,
d'après vos intérêts généraux les plus grands et les
plus directs, vous devez adopter le plus promptement possible, et suivre avec constance. Vous vous
convaincrez aisément, par un peu de réflexion, de
l'exactitude de cette assertion.

Je vous prie d'ailleurs, Messieurs, de vouloir
bien ne pas perdre de vue que ce *post scriptum*
n'est que l'ébauche d'un travail plus complet et
plus approfondi, dont je vous ferai un peu plus
tard la communication.

A MESSIEURS LES CULTIVATEURS,

FABRICANS, NÉGOCIANS,

BANQUIERS ET AUTRES INDUSTRIELS;

AINSI QU'A MESSIEURS LES SAVANS QUI PROFESSENT LES SCIENCES PHYSIQUES ET MATHÉMATIQUES, ET A MESSIEURS LES ARTISTES QUI PROFESSENT LES BEAUX-ARTS.

MESSIEURS,

Je vous préviens que je vais publier les Lettres que j'ai eu l'honneur de vous écrire jusques et compris la présente. Mon intention, en les publiant, est d'éveiller l'attention de tous les savans, de tous les artistes et de tous les industriels, non-seulement de France, mais encore du reste de l'Europe, et même du monde entier.

Mon intention est de disposer tous les savans et les artistes dont l'esprit est susceptible de s'élever à des considérations philosophiques, à suspendre leurs travaux relatifs au perfectionnement des sciences ou des beaux-arts particuliers, pour se livrer à l'organisation d'un système de morale et de politique, suffisamment clair et assez positif pour que les gouvernans se trouvent forcés de le suivre de même que les gouvernés.

Mon intention est aussi de faire sentir aux indu-

striels que le travail théorique, dont ils ont besoin
pour constituer le régime social le plus avantageux
à l'industrie, exige de leur part quelques sacrifices
pécuniaires, attendu qu'il ne pourra être entrepris
qu'à l'époque où ils auront donné des garanties
aux savans qui s'y livreront, et qu'ils les auront
soustraits par ce moyen à la dépendance absolue
dans laquelle ils se trouvent des gouvernemens
actuels qui désirent prolonger l'ordre de choses,
ou plutôt le désordre de choses actuel.

Mon intention, enfin, est d'ouvrir les yeux des
industriels sur ce point important; c'est qu'ils sont
ceux qui produisent toutes les richesses, que ce
sont eux par conséquent qui payent toutes les
dépenses; et qu'il résulte évidemment de ces deux
faits que ce sont eux qui doivent faire le projet de
budget, d'autant plus qu'ils forment la classe de
citoyens qui administre avec le plus d'économie.

Messieurs, le grand mouvement moral qui doit
faire passer la société du régime arbitraire modifié, au régime le plus avantageux à la majorité
de la société, ne peut pas être purement national,
il ne peut s'effectuer qu'en étant commun aux
peuples les plus éclairés. Ce changement doit s'o-
pérer de la même manière et par les mêmes moyens
que le passage du polythéisme au théisme.

Les Français ne peuvent pas travailler seuls à ce
grand œuvre; il est nécessaire, pour le succès de

cette entreprise, que tous les peuples qui composent la grande nation occidentale de l'Europe, c'est-à-dire les Français, les Anglais, les Belges, les Portugais, les Espagnols et les Italiens, concourrent à son exécution. Ces peuples ont été tous soumis à la domination romaine, ils ont tous adopté le gouvernement féodal à peu près à la même époque; ils doivent tous s'élever en civilisation jusqu'au régime industriel à peu près en même temps. Ces peuples ont tous des moyens semblables et presque égaux; ils doivent travailler avec un zèle égal à l'établissement du régime industriel qui sera l'organisation définitive de l'espèce humaine, parce que cette forme, ou plutôt cette nature d'association, est la seule qui soit essentiellement morale, c'est-à-dire, la plus avantageuse possible à la majorité des sociétaires.

Messieurs, le but direct de mon entreprise est d'améliorer le plus possible le sort de la classe qui n'a point d'autres moyens d'existence que le travail de ses bras; mon but est d'améliorer le sort de cette classe, non-seulement en France, mais en Angleterre, en Belgique, en Portugal, en Espagne, en Italie, dans le reste de l'Europe et dans le monde entier. Cette classe, malgré les immenses progrès de la civilisation (depuis l'affranchissement des communes), est encore la plus nom-

breuse dans les pays les plus civilisés; elle forme
la majorité dans une proportion plus ou moins
forte chez toutes les nations du globe. Ainsi ce serait d'elle que les gouvernemens devraient s'occuper principalement, et au contraire, c'est celle
de toutes dont ils soignent le moins les intérêts;
ils la regardent comme essentiellement gouver-
nable et imposable, et le seul soin important qu'ils
prennent à son égard, est de la maintenir dans
l'obéissance la plus passive.

Quel est le moyen d'améliorer le plus promptement et le plus sûrement possible le sort des peuples? Voilà le grand problème politique à résoudre.
Je crois en avoir trouvé la solution. Je vais vous la
présenter. Je réclame, Messieurs, toute votre attention. Songez que, si ce n'est pas sur le sort de l'espèce humaine, c'est au moins sur celui de la génération présente que vous allez prononcer.

*Les hommes du peuple, de même que les ri-
ches, ont deux espèces de besoins; ils ont des
besoins physiques et des besoins moraux; ils ont
besoin de subsistance, ils ont aussi besoin d'instruction.*

*Quel est le moyen de procurer à la généralité
des hommes du peuple, le plus promptement possible, le plus de subsistance possible?*

J'observe d'abord que le seul moyen général de
procurer des subsistances au peuple, consiste à lui

procurer du travail. La question se trouve donc convertie en celle-ci :

Quel est le moyen de procurer au peuple la plus grande quantité de travail possible ?

Je réponds à cette question :

Le meilleur moyen est de confier aux chefs des entreprises industrielles le soin de faire le budget, et par conséquent de diriger l'administration publique ; car, par la nature des choses, les chefs des entreprises industrielles (qui sont les véritables chefs du peuple, puisque ce sont eux qui le commandent dans ses travaux journaliers) tendront toujours directement, et pour leurs propres intérêts, à donner le plus d'extension possible à leurs entreprises, et il résultera de leurs efforts à cet égard le plus grand accroissement possible de la masse des travaux qui sont exécutés par les hommes du peuple.

Je passe maintenant à cette autre question :

Quelle est l'instruction qui doit être donnée au peuple, et de quelle manière doit-elle lui être donnée ?

L'instruction dont le peuple a le plus besoin, est celle qui peut le rendre le plus capable de bien exécuter les travaux qui doivent lui être confiés. Or, quelques notions de géométrie, de physique, de chimie et d'hygiène, sont incontestablement les connaissances qui lui seraient le plus utiles pour se gouverner dans l'habitude de la vie, et il est évident que les savans, professant les sciences physiques et mathématiques, sont les seuls en état de faire pour lui un bon système d'instruction.

Le système d'instruction pour les écoles primaires doit donc être organisé par les savans qui professent les sciences positives.

Quant au mode d'enseignement, celui d'enseignement mutuel a l'avantage d'être le plus prompt, et d'assurer plus qu'aucun autre l'uniformité de la doctrine ; ainsi il doit être préféré.

Messieurs, l'opinion que je viens de vous présenter n'a point besoin de démonstration, elle n'est point susceptible de discussion, parce que le sens commun suffit pour la juger, et parce qu'elle est une conséquence directe du grand principe de morale qui sert de base à la religion chrétienne : *Aimez votre prochain comme vous-même ;* tous les hommes vraiment pieux l'adopteront avec empressement ; elle n'a besoin que d'être propagée. Propagez-la donc, Messieurs, avec le plus d'activité possible ; il est de votre devoir, ainsi que de votre intérêt, de le faire.

J'ai l'honneur d'être,

MESSIEURS,

Votre très humble et très
obéissant serviteur.

ADRESSE AUX PHILANTHROPES.

MESSIEURS,

La passion qui vous anime est d'institution divine ; elle vous place au premier rang des chrétiens, elle vous donne le droit, elle vous impose le devoir de combattre les passions malfaisantes et de lutter corps à corps avec les peuples et avec les rois quand ils se laissent dominer par elles.

Vos devanciers ont commencé l'organisation sociale de l'espèce humaine, c'est à vous à terminer cette sainte entreprise. Les premiers chrétiens ont fondé la morale générale en proclamant dans les chaumières ainsi que dans les palais le principe divin, TOUS LES HOMMES DOIVENT SE REGARDER COMME DES FRÈRES, ILS DOIVENT S'AIMER ET SE SECOURIR LES UNS LES AUTRES. Ils ont organisé une doctrine d'après ce principe, mais cette doctrine n'a reçu d'eux qu'un caractère spéculatif ; et l'honneur d'organiser le pouvoir temporel conformément à ce divin axiome vous a été réservé. Vous avez été destinés de toute éternité à démontrer aux princes qu'il est de leur intérêt et de leur devoir de donner à leurs sujets la constitution qui peut tendre le plus directement à l'amélioration de l'existence sociale de la classe la plus nombreuse; vous avez été destinés à déterminer ces chefs des nations à soumettre leur politique au principe fondamental de la morale chrétienne.

C'est vous qui avez sauvé l'espèce humaine de la dégradation lors de la chute de la puissance romaine. Les circonstances actuelles sont les mêmes (autant que la différence dans l'état de la civilisation puisse le permettre), et ce sont les mêmes causes qui ont produit de semblables effets. Vous devez, Messieurs, suivre l'exemple de vos devanciers, vous devez développer une énergie égale à la leur; ils ont fondé la religion chrétienne, et vous devez la régénérer; vous devez compléter l'organisation du système de morale, vous devez y soumettre le pouvoir temporel.

Messieurs, rendons-nous compte de l'état actuel de la société, fixons d'abord notre attention sur la France, et commençons par examiner la situation où elle se trouve relativement à ses principales institutions, c'est-à-dire, par rapport au clergé, à la royauté et au pouvoir judiciaire.

Le clergé français est une fraction du clergé chrétien; ainsi il a reçu de son divin fondateur la mission de plaider sans relâche la cause des pauvres, et de travailler sans aucune interruption à l'amélioration morale et physique du sort de cette dernière classe de la société. Or, il est de fait qu'il a tellement perdu de vue sa mission céleste, que son occupation unique consiste aujourd'hui à prêcher au peuple l'obéissance la plus passive envers les puissans de la terre, et qu'on ne lui voit plus faire aucun effort généreux pour rappeler aux princes, ainsi qu'à leurs courtisans, les devoirs que la religion leur impose à l'égard du peuple.

En France, comme dans toute l'Europe, la royauté a été primitivement une institution barbare; c'est-à-dire que cette institution a été fondée en France par les peuples barbares qui en ont chassé les Romains. Mais cette institution avait été changée de nature par les rois de France, d'abord lorsqu'ils avaient adopté la religion chrétienne, et plus particulièrement encore lorsqu'ils avaient pris le titre de Roi par la grâce de Dieu; car, en prenant ce titre chrétien, ils avaient évidemment contracté l'engagement de travailler sans relâche à l'amélioration du sort de la classe la plus nombreuse de leurs sujets. Or, il est incontestable que la royauté perd tout-à-fait de vue cet engagement toutes les fois qu'elle se laisse dominer par un clergé et par une noblesse qui ne sont plus que de véritables sangsues à l'égard du peuple.

Enfin si nous considérons le pouvoir judiciaire, nous reconnaîtrons d'une part que les fonctions chrétiennes des juges consistent à concilier les différends qui surviennent entre les particuliers, et surtout à les défendre contre toute action arbitraire du gouvernement, et d'une autre part, qu'il semble s'être donné dans ce moment pour tâche d'établir le pouvoir arbitraire le plus absolu.

De tout ceci je ne prétends point conclure que tous les ecclésiastiques, que tous les ministres, et que tous les juges soient malintentionnés : je suis persuadé au contraire qu'ils sont presque tous de bonne foi. Ils font le mal, mais ils ont l'intention de faire le bien ; et je suis même convaincu que la plupart changeront de conduite quand celle qu'ils devraient tenir leur sera connue.

Vous voyez, Messieurs, que la situation politique où la France se trouve dans ce moment, est bien fâcheuse, puisque les grands pouvoirs, dont l'objet chrétien est de travailler sans relâche, et sous différens rapports, à l'amélioration du sort du peuple, emploient au contraire la force qui leur est confiée à établir un ordre de choses qui soit tout à l'avantage des gouvernans et au détriment des gouvernés.

Une seconde observation très importante que nous avons à faire, c'est que le mal politique, causé aux Français par la mauvaise direction de leurs gouvernans et par le mauvais emploi qu'ils font de la force publique, n'est pas le seul qui les afflige ; ils en éprouvent un autre qui est la suite de la passion des conquêtes à laquelle ils se sont laissé entraîner par Bonaparte.

Tout peuple qui veut faire des conquêtes est obligé d'exalter en lui les passions malfaisantes, il est obligé d'accorder le premier degré de considération aux hommes d'un caractère violent, ainsi qu'à ceux qui se montrent les plus astucieux. Tant que les hommes pourvus de ces qualités malfaisantes exercent leur activité sur l'étranger, les citoyens paisibles qui continuent à habiter la mère-patrie, conservent un caractère national qui n'est pas entièrement dépouillé de dignité et d'élévation. Mais du moment que la résistance extérieure devient plus grande que la force expansive, les effets de l'astuce et de la violence se font sentir au dedans. La cupidité avait été un sentiment national, et n'avait été éprouvée par les citoyens que d'une manière collective; l'avidité devient le sentiment dominant chez tous les individus; l'égoïsme, qui est la gangrène morale de l'espèce humaine, s'attache au corps politique, et devient une maladie commune à toutes les classes de la société.

Les Français, au commencement de leur révolution (lorsqu'ils furent attaqués par la féodalité européenne), contractèrent l'engagement solennel de ne combattre que pour la défense de leur territoire; ils s'engagèrent aussi à regarder les autres peuples comme des frères, et à faire cause commune avec eux contre les institutions surannées, auxquelles l'Europe était encore asservie malgré le progrès des lumières.

Cette politique des Français était loyale, elle était sage, elle était la plus avantageuse qu'ils pussent adopter, elle était vraiment chrétienne; ils auraient dû la conserver, et malheureusement pour eux ils l'ont abandonnée. Ils se sont laissé persuader par des hommes astucieux qu'ils avaient droit à des indemnités, et ils ne se sont pas aperçu qu'ils ne pouvaient obtenir ces indemnités qu'aux dépens des peuples, puisque ce sont les peuples qui produisent toutes les richesses.

Les Français étaient entrés en campagne avec la simple intention de se défendre; ils n'ont pas tardé à faire de la guerre un objet de spéculation; et cette conduite anti-chrétienne de leur part a déterminé promptement une ligue des peuples et des rois contre eux. Deux fois ils ont vu leur territoire occupé en grande partie, et leur capitale envahie. Enfin depuis six années qu'ils se sont trouvés décidément enfermés dans leurs anciennes limites, ils ont eu à supporter à leurs seuls dépens toute la considération et toute l'importance qu'ils avaient accordée pendant toute la durée de leurs conquêtes à leurs sabreurs et aux fonctionnaires civils que Bonaparte avait principalement employés à lui fournir *de la chair à canon.*

Messieurs, la France est affligée d'une troisième plaie politique, et sa troisième infirmité a pour cause la préférence qu'elle accorde aux métaphysiciens.

La métaphysique a rendu de grands services aux Français, elle a beaucoup contribué aux progrès de la civilisation, depuis l'affranchissement des communes jusqu'en 1789; mais depuis le commencement de la crise sociale dans laquelle les Français et toute l'Europe se trouvent engagés, elle a été constamment, et elle est encore aujourd'hui le plus grand obstacle au retour de la tranquillité par l'établissement d'un ordre de choses stable, c'est-à-dire proportionné à l'état des lumières.

Depuis l'affranchissement des communes jusqu'au commencement de la révolution, la métaphysique a embrouillé les idées; elle a empêché le sens commun de se faire entendre; elle a établi une espèce de doctrine politique bâtarde qui a fasciné les yeux du clergé, ainsi que de la noblesse; ce qui a rendu le plus important service aux industriels ainsi qu'aux savans.

La doctrine bâtarde et amphigourique que les métaphysiciens ont organisée, a formé contre la noblesse et le clergé un rempart à l'abri duquel les industriels ainsi que les savans adonnés à l'étude des sciences d'observation, ont pu travailler en sûreté. C'est à l'abri de ce rempart que l'industrie, ainsi que les sciences positives, ont acquis les forces suffisantes pour lutter avec avantage contre le clergé et contre la noblesse. Il n'y a pas de doute que les théologiens et les chefs de la féodalité auraient fait les raisonnemens suivans, si les méta-physiciens n'avaient pas détourné leur attention, et s'ils ne leur avaient pas fait perdre de vue la route qu'ils avaient intérêt à suivre.

La noblesse aurait dit : si l'industrie fait des progrès, le monde se civilisera, les guerres deviendront plus rares, l'importance des guerriers diminuera, et les chefs des travaux pacifiques finiront par former la première classe de la société.

En conséquence de ce raisonnement, les chefs de la féodalité auraient empêché l'industrie de prendre son essor : ils en avaient alors tout pouvoir et tous moyens.

D'une autre part les théologiens se seraient dit : si nous laissons se former une corporation de savans dont les travaux aient pour but de fonder toutes nos connaissances sur des observations, il arrivera nécessairement une époque où la théologie perdra tout son crédit, où les hommes en reviendront à la religion pure, et où ils forceront tous les fonctionnaires publics de se conduire d'après le principe : *Tous les hommes doivent se regarder*

comme des frères ; ils doivent s'aimer et se se-
courir les uns les autres.

D'après ce raisonnement, le clergé, qui en avait
alors le pouvoir et les moyens, aurait rendu impossible les progrès de l'astronomie, de la physique, de la chimie et de la physiologie.

Heureusement pour nous, et grâce aux métaphysiciens, d'une part les savans adonnés à l'étude
des sciences d'observation, ont acquis des connaissances plus positives que le clergé, et une capacité
plus grande pour faire application du principe de
morale divine ; d'une autre part, les industriels ont
obtenu par leurs travaux une plus grande masse
de richesses que les nobles, et une plus grande
influence sur le peuple ; de manière que les forces
politiques ont changé de mains, et qu'il est devenu
monstrueux et impraticable, que la direction des
affaires publiques restât entre les mains du clergé
et de la noblesse.

Une révolution était donc devenue inévitable ;
mais cette révolution aurait promptement atteint
son but, si les métaphysiciens n'avaient pas voulu
s'en mêler. Les métaphysiciens ont rendu un grand
service à la société en préparant la crise ; ils lui
ont fait beaucoup de mal en voulant la diriger ;
de même que le clergé et la noblesse, ils ont pro-
longé leurs travaux au-delà des besoins de la société.

Supposons pour un moment que la chambre des députés ne fût composée que de deux classes, savoir : d'une part, de nobles et de fonctionnaires publics occupés de l'administration ; de l'autre, d'industriels et de personnes dont les travaux contribuent directement aux progrès de l'industrie, et que tous les juges, avocats et autres légistes en fussent exclus. Dans ce cas il s'établirait nécessairement une discussion franche et positive entre les deux partis. L'objet de cette discussion serait de déterminer si la nation doit être organisée dans l'intérêt des militaires, des riches oisifs et des fonctionnaires publics, ou bien dans celui des producteurs ; et le résultat de cette discussion ne serait ni long à se manifester, ni incertain pour le succès, parce que l'immense majorité de la nation qui vit du produit de travaux productifs, se prononcerait en faveur des producteurs, et qu'il serait évidemment de l'intérêt du Roi d'adopter cette opinion, et d'y soumettre la conduite de ses ministres.

Dans ce cas, la politique deviendrait simple, elle deviendrait positive. On pourrait commencer l'établissement de l'ordre de choses qui convient à l'état des lumières, on pourrait rédiger le premier article de la seule constitution qui puisse acquérir de la solidité. Cet article dirait :

L'objet de l'association politique des Français

est de prospérer par des travaux pacifiques,
d'une utilité positive.

La conséquence immédiate de ce premier article
serait que les hommes dirigeant les travaux pacifiques les plus importans, doivent exercer une
influence suprême sur l'administration des affaires
publiques.

Ainsi l'adoption de ce seul article terminerait la
lutte qui existe depuis près de trente ans entre le
clergé et la noblesse d'une part, les industriels et
les savans d'une autre.

Il me reste à vous prouver, Messieurs, que ce
sont les légistes qui empêchent que cette lutte se
termine, qui empêchent que cet article fondamental de la constitution soit adopté, et que ses
conséquences soient mises en pratique.

Or, Messieurs, cette démonstration résulte du
fait suivant qui est de notoriété publique.

Les légistes sont en majorité dans le ministère
ainsi que dans le conseil d'état; ce sont eux qui
ont fourni des chefs aux trois partis existans, ce
sont eux qui dirigent les ultra, ce sont eux qui
combinent les plans des libéraux ainsi que ceux
des ministériels; ainsi ce sont eux qui conduisent
toutes les actions politiques existantes.

J'ai donc eu raison de dire que la prépondérance
des légistes (qui sont des métaphysiciens en poli-

tique) était une des maladies sociales que la France
éprouvait dans ce moment.

Si nous résumons, Messieurs, cet examen de
la situation sociale des Français, nous trouverons
qu'ils sont attaqués à la fois par trois maladies
politiques bien distinctes.

1°. Les trois pouvoirs élémentaires qui servent
de base à l'organisation sociale de cette nation, ont
pour guides des doctrines qui sont devenues vicieuses, parce qu'elles n'ont plus un but qui tende
à l'amélioration du sort de la dernière et la plus
nombreuse classe de la société, et que ceux qui
exercent ces pouvoirs ont perdu de vue le grand
principe de morale auquel toutes les combinaisons
politiques doivent être subordonnées.

2°. Le corps de la nation s'est livré à la passion
des conquêtes, et les gouvernés se trouvent dans
ce moment dominés, de même que les gouvernans,
par l'égoïsme qui est la suite nécessaire d'efforts
faits pour exercer une domination injuste sur les
autres peuples, et des habitudes morales contractées pendant la durée de leurs succès militaires.

Et il résulte de l'état présent de l'égoïsme des
gouvernés, l'impossibilité pour eux de former une
opinion publique assez forte pour contraindre les
gouvernans à rentrer dans la direction morale donnée par la religion chrétienne.

3°. Les gouvernés, ainsi que les gouvernans de toutes les classes et de toutes les opinions, sont dominés et dirigés dans ce moment par les métaphysiciens politiques, formés aux écoles où l'on enseigne les codes des droits qui ont été constitués à des époques de barbarie, d'ignorance et de superstition ; d'où il résulte qu'il ne peut pas s'engager de discussion franche, et portant sur des questions positives : de manière qu'il n'existe point de chances dans cet état de choses, pour qu'il se forme dans la tête du Roi et dans l'esprit de la nation une opinion nette sur les mesures à prendre pour terminer la révolution.

Plaçons-nous maintenant, Messieurs, à un point de vue plus élevé, et examinons la situation de l'Europe.

Pendant plusieurs siècles, c'est-à-dire depuis l'établissement de la féodalité jusqu'à la réformation de Luther, les Européens du centre et de l'Occident ont été *organisés* sous ces deux rapports :

1°. Ils étaient tous soumis au régime féodal.

2°. Ils avaient la même religion, et le clergé qui leur était commun était soumis à un chef et à un état-major placés dans une position qui les rendait indépendans des gouvernemens particuliers des nations.

De manière que les Européens du centre et de

l'Occident obéissaient à un même pouvoir spirituel, et à des pouvoirs temporels qui étaient semblables.

La désorganisation de la société européenne s'est successivement opérée depuis la réformation de Luther sous ces deux rapports :

1°. Le régime féodal a cessé d'être pur, d'abord en Angleterre, ensuite et successivement en France, en Belgique, en Espagne, en Portugal, à Naples, et dans plusieurs états d'Allemagne.

2°. La religion chrétienne s'est divisée en quatre grandes sectes, le catholicisme, le luthéranisme, le calvinisme et la religion anglicane.

Enfin la désorganisation de la société européenne a été complétée par la formation de la sainte alliance ; car la sainte alliance (qui est uniquement et exclusivement composée des chefs temporels des principales nations) s'est superposée aux chefs des différentes sectes de la religion chrétienne. De manière que l'indépendance du pouvoir spirituel est complétement anéantie, de manière qu'il n'existe réellement plus de ligne de démarcation qui sépare le pouvoir temporel du pouvoir spirituel, de manière enfin que le pouvoir spirituel n'agit plus que d'une manière subalterne à l'égard du pouvoir temporel, dont il a consenti à se faire l'agent.

Ce court exposé de la situation de l'Europe

suffit, je crois, pour vous prouver, Messieurs, que l'état de choses actuel est monstrueux, et qu'il ne peut pas durer.

Cet exposé, enfin, suffit pour vous prouver que la crise actuelle n'est pas particulière à la France, qu'elle est commune à toute l'Europe, que la nation française ne peut pas être traitée et guérie isolément, que les remèdes qui peuvent la guérir doivent être appliqués à toute l'Europe, puisque la France se trouve dans une position qui la rend jusqu'à un certain point dépendante de ses voisins, et qui établit une espèce de solidarité politique entre elle et les autres peuples du continent.

Messieurs, comment guérir le corps politique européen, comment rétablir le calme dans le continent, comment y constituer un ordre de choses politique stable? voilà la véritable question que j'ai entrepris d'examiner avec vous. Ce sujet est beaucoup trop vaste pour qu'il puisse être épuisé dans un premier examen; mais l'aperçu que je vais vous présenter renfermera, j'espère, les idées les plus importantes. Il suffira pour indiquer la direction, et à mesure que nous marcherons, nous apercevrons plus clairement le but.

Messieurs, les Italiens, les Français, les Anglais et les Espagnols, ainsi que les autres peuples subjugués par les légions romaines, ont déjà essuyé

une crise sociale semblable à celle que l'Europe
éprouve dans ce moment. Cette première crise a
même été beaucoup plus violente et plus dangereuse, parce qu'elle est arrivée à une époque où
la civilisation était encore peu avancée, à une époque où il n'existait aucun principe commun aux
différentes nations qui s'y trouvaient engagées. Elle
eut lieu lors de la décadence de l'empire romain.

Toutes les nations soumises à cet empire furent
attaquées des trois maladies politiques que j'ai dé-
crites au commencement de cette adresse.

Leurs institutions avaient vieilli, elles n'étaient
plus en rapport avec l'état des lumières, elles agis-
saient dans une direction contraire aux intérêts
des peuples; Cicéron ne concevait pas comment
deux augures pouvaient se regarder sans rire; le
sénat était avili, les chevaliers romains jouaient le
premier rôle, c'étaient eux qui dirigeaient les affaires publiques, et ces chevaliers qui s'enrichissaient
aux dépens de la nation, étaient les agens du fisc.

L'égoïsme s'était emparé de toutes les classes
de la société, les sentimens d'honneur et de patrio-
tisme avaient été remplacés par ceux de la plus
insatiable avidité; les intérêts communs avaient
été entièrement perdus de vue; la passion des fêtes
et des spectacles avait remplacé dans le peuple
l'amour de la patrie.

On ne s'occupait plus de l'examen d'aucune

question positive relative à l'intérêt public ; les métaphysiciens s'étaient constitués professeurs en politique; ils fixaient l'attention sur des considérations vagues, et qui n'étaient que d'un intérêt secondaire.

Enfin, Messieurs, l'espèce humaine tendait directement à se dégrader par le mauvais emploi des connaissances acquises. Les malheurs de la portion la plus éclairée de cette espèce étaient encore considérablement accrus par les incursions continuelles des peuples barbares qui venaient amalgamer leur caractère sanguinaire aux mœurs dépravées des Romains.

Comment la civilisation s'est-elle relevée de cette chute? comment l'ordre de choses auquel nous devons tous les progrès qu'elle a faits depuis, s'est-il constitué? Voilà les faits historiques qui doivent fixer toute votre attention dans ce moment; car l'étude de ces faits est la seule qui puisse vous conduire à la découverte des moyens que nous devons employer pour terminer glorieusement la crise politique actuelle.

Messieurs, à l'époque où l'empire romain tombait en dissolution, Dieu révéla aux habitans de la Judée le principe de morale qui devait servir de base à toutes les relations sociales, et diriger la conduite de tous les chrétiens. Il dit : *Tous les*

hommes doivent se regarder comme des frères,
ils doivent s'aimer et se secourir les uns les
autres.

La parole de Dieu électrisa vos devanciers, elle
les exalta au point que chacun d'eux, sitôt que la
conception divine lui fut connue, abandonna ses
affaires personnelles, renonça aux entreprises qu'il
avait faites, aux projets qu'il avait conçus pour
combattre la croyance à plusieurs dieux, en prouvant que cette croyance était absurde :

Pour combattre l'égoïsme, en prouvant que cette
passion aurait nécessairement pour résultat final
la dissolution de la société :

Pour combattre la tendance aux idées métaphysiques, en prouvant qu'elles faisaient prendre les
mots pour des choses, et qu'elles empêchaient les
hommes de fixer leur attention sur le but vers
lequel ils devaient se diriger.

La conduite de ces premiers chrétiens fut admirable sous tous les rapports; ils ont vaincu les
plus grandes difficultés que jamais les hommes
aient surmontés; ils ont exécutée l'entreprise la plus
difficile qui ait jamais été faite; ils se sont montrés
supérieurs en courage, en persévérance, ainsi
qu'en sagacité, à tous les héros de l'antiquité; ils
ont produit le catéchisme, qui est certainement le
livre le plus estimable qui ait jamais été publié. Je
ne parle point du catéchisme que les jésuites.

enseignent aujourd'hui, mais du catéchisme primitif, qui était une analyse raisonnée des actions
des hommes, et qui partageait les passions en deux
grandes classes, savoir celles qui sont utiles et celles
qui sont nuisibles au prochain.

Messieurs, la conduite de ces premiers chrétiens doit nous servir de modèle. Ce que nous
avons à faire, c'est de terminer ce qu'ils ont commencé. La tâche glorieuse que nous avons à remplir, c'est de mettre en pratique, sous le rapport
politique, la doctrine qu'ils n'ont pu établir que
d'une manière spéculative. Notre mission consiste
à placer le pouvoir spirituel dans les mains des
hommes les plus capables d'enseigner à leurs semblables ce qu'il leur est utile de savoir, et de confier
le pouvoir temporel à ceux des puissans qui sont
les plus intéressés au maintien de la paix et à
l'amélioration de l'existence du peuple.

Le point essentiel pour le succès de notre sainte
entreprise, l'objet que nous ne devons jamais perdre de vue, c'est que le moyen de la persuasion est
le seul qu'il nous soit permis d'employer pour atteindre notre but. Dussions-nous être persécutés
de même que les premiers chrétiens, l'emploi de
la force physique nous est entièrement interdit.

Messieurs, depuis la fondation du christianisme
les travaux de nos prédécesseurs ont toujours eu

le même but (l'organisation sociale de l'espèce humaine), le même caractère (celui du désintéressement); mais ils n'ont pas toujours été de la même espèce : récapitulons la marche qu'ils ont suivie, et donnons en même temps un coup d'œil général aux progrès de la société chrétienne.

A l'origine du christianisme, et pendant toute la durée de sa première époque, l'immense majorité de la population des pays où il s'était établi, était plongée dans un état d'ignorance, tel qu'il n'était pas possible de songer à la destruction de l'esclavage; de manière que les travaux politiques des philanthropes de cette époque se trouvaient extrêmement limités, les pouvoirs temporels devant nécessairement conserver dans ces circonstances un caractère fort arbitraire.

La première tâche de vos prédécesseurs se trouva remplie quand ils eurent déterminé l'empereur Constantin à reconnaître l'existence d'un pouvoir spirituel chrétien, chargé de l'enseignement de la morale divine, à laquelle tous les hommes, quelque rang qu'ils occupassent, devaient se soumettre et se conformer.

Après ce succès obtenu, le zèle des philanthropes pour les travaux directement relatifs à l'organisation sociale, dut diminuer ; car les philanthropes, pour être animés de la passion la plus généreuse, n'en sont pas moins soumis aux lois qui régissent les hommes passionnés, loi d'après lesquelles ces hommes ne sont susceptibles de développer toute leur énergie que pour atteindre un but clairement aperçu; les dangers augmentent leur zèle et leur ardeur : mais ce n'est pas sur eux qu'il faut compter pour satisfaire les besoins de la société sous le rapport des travaux préparatoires.

La seconde époque de la société chrétienne a donc commencé au cinquième siècle après la conversion de Constantin. Cette seconde époque a duré jusqu'au treizième siècle après la dernière croisade.

Pendant cette seconde époque les chrétiens furent occupés de deux espèces de travaux ; les uns eurent pour but la conservation de leur société, et les autres son organisation.

La société chrétienne fut attaquée par les Saxons, par les Sarrasins et par les Normands. Le christianisme aurait été anéanti, au moins pour bien des siècles, si ces peuples, essentiellement conquérans, avaient réussi dans leurs projets. Les philanthropes de cette époque dûrent se livrer aux travaux militaires; c'est aussi ce qu'ils firent; et comme on ne peut s'occuper de deux choses à la fois, ils abandonnèrent le soin de l'enseignement de la morale et de l'organisation de la société à un clergé, c'est-à-dire, à des hommes gagés, et faisant ce métier par état. De là il devait résulter, et il résulta en

effet que la guerre fut bien faite, et que l'organisation sociale, donnée à la société chrétienne, ne
fut pas libérale.

Les travaux de cette époque ont été bien mal
jugés jusqu'à présent. Les philosophes du dix-huitième siècle ont beaucoup crié contre les croisades,
et ils ont eu grand tort. Quand les Romains vou-
lurent se débarrasser des Carthaginois, ils allèrent
les attaquer chez eux. Les Sarrasins auraient continuellement renouvelé leurs incursions en Europe, si les croisés n'avaient pas porté la guerre
chez eux, et s'ils ne l'y avaient entretenue pendant bien du temps. Ce peuple avait été fanatisé
par Mahomet qui l'avait rendu pour bien des siècles
inconvertissable à la morale chrétienne.

Sûrement il est regrettable que les philanthropes
n'aient pas organisé eux-mêmes la société chrétienne, car cette organisation aurait porté le cachet
de leur désintéressement ; mais encore une fois
cela était impossible, puisqu'ils étaient pendant ce
temps occupés de travaux indispensables pour la
conservation de la société.

Au surplus, l'organisation de la société chrétienne, quoique très inférieure à ce qu'elle aurait
pu être, quoique profondément imprégnée du
caractère d'avidité que le clergé avait développé,
se trouvait cependant au treizième siècle très supérieure à tout ce qui avait existé jusqu'à cette épo-

19

que dans l'espèce humaine : la corporation politique des chrétiens était liée plus fortement que jamais la république ni l'empire romain ne l'avaient été.

Je passe à l'examen de la troisième époque qui a commencé au treizième siècle, et qui s'est terminée en 1789.

Pendant cette troisième époque il s'est passé des événemens généraux de trois classes bien distinctes, et qui méritent toutes les trois de fixer votre attention.

Après que les chrétiens eurent terminé les longues guerres qu'ils avaient soutenues contre les Saxons, contre les Sarrasins et contre les Normands, quand les succès obtenus par eux sur ces peuples (les seuls qu'ils eussent à redouter), eurent affermi leur position, l'organisation sociale qu'ils avaient donnée à leur pouvoir temporel n'était plus celle qui leur convenait, attendu qu'elle était essentiellement militaire, et que les institutions pacifiques étaient celles dont ils avaient besoin, les travaux pacifiques étant ceux auxquels ils auraient dû se livrer.

Après que tous les habitans de l'Europe eurent été convertis par les prédications générales que le clergé avait établies, et qu'ils eurent adopté le principe que *toutes les nations et tous les hommes doivent contribuer au bien-être général de l'espèce humaine*, le pouvoir spirituel aurait dû diminuer le nombre de ses membres, afin d'être moins à charge aux peuples ; il aurait dû s'occuper principalement de l'étude et du perfectionnement des sciences positives et de l'enseignement des connaissances utiles aux hommes pour l'exécution des travaux pacifiques.

Ces vérités furent profondément senties par les philanthropes de cette époque, et dès la fin du treizième siècle, ils se livrèrent, d'une part, à l'étude des lois qui régissent les phénomènes, et d'une autre part, aux travaux industriels au moyen desquels les produits de la nature sont modifiés de manière à satisfaire les besoins des hommes.

Voilà quelle fut la série la plus utile des travaux auxquels les chrétiens se sont livrés pendant la troisième époque du christianisme.

Pendant toute cette époque le clergé et la noblesse se sont presque exclusivement occupés de défendre contre le peuple les pouvoirs qu'ils avaient obtenus, et dont l'exercice, vu le changement des circonstances, était devenu en grande partie plus nuisible qu'utile à la société.

Voilà en quoi a consisté la seconde des séries de travaux sur lesquelles j'ai cru devoir appeler votre attention.

La décadence successive des pouvoirs spirituels et temporels pendant toute cette époque, malgré tous les efforts qu'ils ont faits pour se soutenir, et l'immensité des moyens qui se trouvaient dans leurs mains, est une nouvelle preuve que Dieu condamne à l'anéantissement les institutions sociales qui sont nuisibles à l'espèce humaine.

Le troisième événement remarquable dans cette époque a été la formation d'un troisième pouvoir politique, l'établissement du pouvoir judiciaire. La troisième série de travaux qui mérite de fixer votre attention, a été celle des légistes.

Les légistes se sont occupés de constituer les droits de chacun; ils ont en conséquence établi le droit canon, le droit des gens, les droits féodaux, le droit criminel, le droit civil, etc. Leurs travaux ont certainement rendu des services, mais on ne peut pas se dissimuler qu'ils ont été frappés d'un vice radical, et ce vice a tenu à ce qu'ils ont été exécutés à une époque où les principales institutions ayant vieilli et n'étant plus en rapport avec les besoins de la société, ceux qui exerçaient le gouvernement spirituel ainsi que le gouvernement temporel, jouissaient de droits qui ne leur appartenaient pas légitimement.

Je ne crois pas devoir m'étendre davantage sur cette troisième époque; je vais donc vous parler de la quatrième.

Mais avant d'entrer en matière, je vous prie de remarquer que cette quatrième époque a un carac-

tère qui lui est propre, et qui lui donne pour
nous une beaucoup plus grande importance que
toutes les autres ne sauraient en avoir, c'est
qu'elle est celle qui nous intéresse le plus, c'est
qu'elle est la seule qui nous intéresse directement.

Messieurs, ce qui s'est passé depuis 1789 a
servi d'introduction à cette quatrième époque, qui
n'est réellement commencée que depuis quelques
instans; elle date seulement du moment où, par
l'effet des changemens survenus en Espagne, en
Portugal, en Italie et dans une partie de l'Allemagne, la majeure partie de la population européenne s'est mise en mouvement pour travailler à
la réorganisation de la société.

La France ne pouvait pas être réorganisée isolément, elle n'a point une vie morale qui lui soit
propre, elle n'est qu'un membre de la société européenne; il existe une communauté forcée entre
ses principes politiques et ceux de ses voisins. En
un mot, la plus grande utilité morale de la révolution française a été de déterminer la tendance au
perfectionnement qui se manifeste aujourd'hui dans
toute l'Europe.

C'est de l'avenir que je vais vous parler; jugez-
moi sévèrement, mais ne me jugez pas légèrement.

J'ai établi au commencement de cette adresse
la comparaison entre l'état actuel des choses et la

situation où se trouvait la société à l'époque de la décadence de l'empire romain. J'ai récapitulé ensuite la marche de la civilisation depuis la fondation du christianisme jusqu'à ce jour; ces idées sont certainement très importantes, elles ont même deux valeurs distinctes, mais elles ne sont cependant pour nous que d'un intérêt secondaire. Vous devez les envisager d'une part comme des considérations préliminaires, et d'une autre comme des faits à l'appui de ce que je vais vous dire : j'ai employé la comparaison pour fixer votre attention, je vous ai présenté la récapitulation pour placer votre esprit au point de vue convenable pour bien juger mes idées.

Ce qu'il y a de plus capital pour vous, ce que vous désirez le plus connaître, ce que je me suis proposé de vous apprendre, c'est ce qui arrivera. Eh bien! Messieurs, je vais m'expliquer à ce sujet de la manière la plus catégorique. Je vais vous dire ce qui se fera, par qui cela se fera, et de quelle manière cela sera fait.

Je vais, Messieurs, poser successivement les trois questions que je viens d'énoncer; je répondrai séparément à chacune de ces questions, et je donnerai à la suite de chacune de mes réponses les raisons sur lesquelles je fonde mon opinion.

Première question. Quels sont les principaux

changemens politiques qui s'opèreront pendant la quatrième époque du christianisme ?

RÉPONSE. *Je crois que pendant cette quatrième époque il sera organisé un nouveau pouvoir spirituel et un nouveau pouvoir temporel.*

Je crois que le nouveau pouvoir spirituel sera composé à son origine de toutes les Académies des sciences existantes en Europe, et de toutes les personnes qui méritent d'être admises dans ces corporations scientifiques. Je crois que, ce noyau une fois formé, ceux qui le composeront s'organiseront eux-mêmes. Je crois que la direction de l'éducation, ainsi que de l'enseignement public, sera confiée à ce nouveau pouvoir spirituel. Je crois que la morale pure de l'Évangile servira de base à la nouvelle instruction publique, et qu'elle sera pour le surplus poussée le plus loin possible sous le rapport des connaissances positives, proportionnément au temps que les enfans des différens degrés de richesse pourront passer dans les écoles. Enfin je crois que le nouveau pouvoir spirituel établira un plus ou moins grand nombre de ses membres dans toutes les communes, et que ces savans détachés auront pour mission principale d'enflammer leurs administrés spirituels de la passion du bien public.

Je crois que chez chaque nation européenne l'administration des affaires temporelles sera

confiée aux entrepreneurs de travaux pacifiques
qui occuperont le plus grand nombre d'individus,
et je suis persuadé que cette administration, par
l'effet direct de l'intérêt personnel des adminis-
trateurs, s'occupera d'abord de maintenir la paix
entre les nations, et ensuite de diminuer le plus
possible les impositions, ainsi que d'en employer
les produits de la manière la plus avantageuse à
la communauté.

Voici les trois raisons sur lesquelles je fonde
cette opinion :

1°. Ces nouvelles bases d'organisation sociale
étant directement conformes aux intérêts de l'immense majorité de la population, elles doivent être
considérées comme une conséquence politique générale déduite du principe de morale divine : *Tous*
les hommes doivent se regarder comme des frères;
ils doivent s'aimer et se secourir les uns les autres.

Ainsi Dieu veut évidemment que dans l'état
présent des lumières, la société chrétienne soit
constituée de cette manière.

2°. Humainement parlant, et sans nous élever
au-dessus des règles scientifiques, cette constitution de la société chrétienne est la suite naturelle
et l'effet immédiat de la destruction de l'esclavage,
ainsi que de la supériorité acquise par les sciences
d'observation sur la théologie et sur les autres
branches de la métaphysique.

3°. En nous bornant à des considérations politiques, il est évident que les progrès de la civilisation amèneront ce résultat; car les forces positives, tant intellectuelles que matérielles, se trouvent aujourd'hui dans les mains de ceux qui professent les sciences d'observation, et de ceux qui entreprennent et dirigent les travaux industriels. Ce n'est que par l'effet d'une habitude anciennement contractée, que la société porte le joug des nobles et des théologiens. Or, l'expérience a prouvé que la société se débarrassait toujours des habitudes qu'elle avait contractées quand ces habitudes devenaient contraires à ses intérêts, et qu'elle découvrait un nouveau moyen de satisfaire ses besoins; il est donc indubitable que les institutions du clergé et de la noblesse seront abandonnées par elle; il est indubitable que les pouvoirs politiques passeront dans les mains de ceux qui possèdent déjà la presque totalité des forces sociales, de ceux qui dirigent journellement les forces physiques, de ceux qui créent la force pécuniaire, de ceux, enfin, qui augmentent continuellement la force intellectuelle.

DEUXIÈME QUESTION. Quelle sera la force qui déterminera ces changemens, et par qui cette force sera-t-elle dirigée?

RÉPONSE. *La force du sentiment moral sera*

celle qui déterminera ces changemens, et cette force aura pour principal moteur la croyance que tous les principes politiques doivent être déduits du principe général que Dieu a donné aux hommes.

Ceux qui dirigeront cette force seront les philanthropes; ils seront dans cette occasion, de même qu'ils l'ont été lors de la fondation du christianisme, les agens directes de L'ÉTERNEL.

Par un premier effort commun les philanthropes ont fait adopter le principe de morale divine aux puissans de la terre; par un second effort général, la philanthropie déterminera les nobles et les théologiens à supporter la conséquence générale de ce principe.

Je fonde cette opinion d'abord sur la connaissance que nous avons de ce qui s'est passé lors de la fondation de la religion chrétienne.

La dernière classe de la société était certainement intéressée de la manière la plus positive et la plus directe à l'admission de cette croyance; cette doctrine offrait aussi de grands avantages aux peuples qui portaient le joug des Romains : il paraissait donc vraisemblable que ces deux grandes masses de la population soutiendraient de tout leurs pouvoirs le nouveau principe de morale; les choses se sont passées d'une manière toute différente. Le principal fondateur humain de la reli-

gion chrétienne a été l'apôtre Paul, qui était un
Romain; Polyeucte, qui appartenait aux premières
classes de la société, a été un des premiers mar-
tyrs, et les premiers prédicateurs ont été souvent
persécutés par les dernières classes du peuple.

La vérité, à cet égard, vérité qui a été constatée par la marche de la civilisation, c'est que la
passion du bien public agit avec beaucoup plus
d'efficacité pour opérer les améliorations politiques, que celle de l'égoïsme des classes auxquelles
ces changemens doivent être le plus profitables.
En un mot, l'expérience a prouvé que les plus
intéressés à l'établissement d'un nouvel ordre de
choses ne sont pas ceux qui travaillent avec le
plus d'ardeur à le constituer.

Messieurs, au fait très ancien que je vous ai
présenté à l'appui de mon opinion, je vais ajouter
un autre fait tellement récent qu'il n'est pas encore
achevé.

Je travaille depuis six ans avec beaucoup d'ardeur à démontrer aux savans et aux industriels :

1°. Que la société manifeste dans ce moment
une tendance évidente à s'organiser de la manière
la plus favorable aux progrès des sciences et à la
prospérité de l'industrie.

2°. Que pour organiser la société de la manière
la plus favorable aux progrès des sciences et à la
prospérité de l'industrie, il faut confier le pouvoir

spirituel aux savans, et l'administration du pouvoir temporel aux industriels.

3°. Que les savans et les industriels peuvent organiser la société d'une manière conforme à ses désirs et à ses besoins, puisque les savans possèdent les forces intellectuelles, et que les industriels disposent des forces matérielles.

Ce travail m'a mis en relation avec un grand nombre de savans et d'industriels ; il m'a fourni l'occasion et donné les moyens d'étudier leurs opinions et leurs intentions.

Voici ce que j'ai observé :

J'ai reconnu d'abord qu'on pouvait considérer les hommes comme divisés sous le rapport moral en deux espèces différentes ; savoir, ceux chez lesquels les sentimens dominent les idées, et ceux chez lesquels les sentimens sont soumis aux combinaisons de l'esprit ; ceux qui lient l'espérance de l'amélioration de leur sort avec le désir de la suppression des abus, et ceux qui se proposent pour but spécial, dans leurs relations sociales, de faire tourner les abus à leur profit ; en un mot, j'ai remarqué que les hommes savans et industriels, de même que les autres hommes, devaient être divisés en deux grandes classes, savoir, les philanthropes et les égoïstes.

J'ai ensuite observé que le nombre des philanthropes et celui des égoïstes augmente ou diminue relativement, suivant les circonstances générales où se trouve la société, et que dans les circonstances actuelles le nombre des égoïstes augmentait journellement ; mais qu'en compensation, les philanthropes se montraient plus disposés à unir leurs efforts et à agir avec énergie.

J'ai encore remarqué que les occupations auxquelles les hommes se trouvent livrés, contribuent infiniment à leur faire adopter la morale philanthropique ou les opinions de l'égoïsme, de manière que ceux qui ont des relations journalières avec le plus grand nombre d'individus, principalement de la classe du peuple, sont plus portés à la philanthropie, tandis que ceux qui vivent isolés par leurs occupations, ou qui sont essentiellement en rapport avec la classe riche, tournent à l'égoïsme, à moins qu'ils n'aient reçu de la nature une organisation extrêmement heureuse.

J'ai donc le droit de conclure de ma propre expérience, comme des faits historiques, que les philanthropes seront ceux qui détermineront les nobles et les théologiens à supporter la conséquence politique générale du principe de la morale divine ; d'où il résulte que la société doit être organisée pour l'avantage du plus grand nombre.

Troisième question. Quels moyens les philanthropes emploieront-ils pour réorganiser la société ?

Réponse. *Le seul moyen que les philanthropes emploieront sera celui de la prédication, tant verbale qu'écrite. Ils prêcheront aux rois qu'il est de leur devoir comme chrétiens, et de leur intérêt pour la conservation de leurs pouvoirs héréditaires, de confier aux savans positifs la direction de l'instruction publique, ainsi que le travail du perfectionnement des théories, et aux industriels les plus capables en administration, le soin de diriger les affaires temporelles.*

Ils prêcheront aux peuples qu'ils doivent manifester unanimement aux princes le désir que la conduite des affaires publiques temporelles et spirituelles soit entièrement abandonnée aux classes les plus capables de les diriger dans le sens de l'intérêt général, et les plus intéressées à leur donner cette direction.

Les philanthropes continueront leurs prédications verbales et écrites pendant tout le temps qui sera nécessaire pour déterminer les princes (par l'effet de leur conviction ou par celui de l'influence toute puissante de l'opinion publique sur eux), à effectuer les changemens dans l'organisation sociale que réclame le progrès des lumières, l'intérêt commun de toute la population, et l'intérêt imminent et immédiat de la très grande majorité.

En un mot, le seul moyen qui sera employé par les philanthropes sera celui de la prédication ;

et le seul objet qu'ils se proposeront dans leurs prédications, sera celui de déterminer les rois à user des pouvoirs que les peuples les autorisent à exercer pour opérer les changemens politiques devenus nécessaires.

Je fonde, Messieurs, cette opinion que les philanthropes emploieront le pouvoir royal pour opérer la réorganisation de la société sur les trois raisons suivantes :

D'abord, les philanthropes qui compléteront l'organisation du christianisme seront nécessairement animés du même esprit que ceux qui en ont été les fondateurs ; ils développeront donc le même caractère, ils suivront la même marche, ils emploieront les mêmes moyens.

Or, c'est un fait bien constaté, un fait sur lequel il ne s'est jamais élevé aucun doute, que les premiers chrétiens n'ont agi à l'égard des rois que par la voie de la persuasion ; ils n'ont aucunement lutté avec eux, ils se sont attachés à les convertir, et ils en sont venus à bout, soit en déterminant directement leur conviction, soit en faisant agir sur eux l'opinion publique, qui est la souveraine des rois.

Je conclus de ce fait que les philanthropes actuels ne chercheront point à renverser les trônes, et qu'ils s'attacheront au contraire à rendre le pouvoir royal favorable à l'établissement des institutions nécessaires pour compléter l'organisation du christianisme.

Je dis ensuite que les philanthropes seraient bien maladroits s'ils concevaient le projet d'attaquer le pouvoir royal, car ils ne pourraient aucunement réussir dans cette entreprise, l'opinion publique s'étant prononcée le plus fortement possible en sa faveur en France, et même dans toute l'Europe.

Les derniers mouvemens politiques arrivés en Espagne, en Portugal et dans les états de Naples, ont été commencés par les militaires qui ont joué d'abord le principal rôle dans ces révolutions, et cependant la royauté héréditaire a été complétement respectée. On a vu les Espagnols, les Portugais et les Napolitains proclamer eux-mêmes, et de leur propre mouvement, la conservation des anciennes dynasties, tout en renversant les gouvernemens despotiques, dont l'action s'opposait à leur prospérité nationale.

Je dirai enfin, que j'ai fait une expérience personnelle de l'état de l'opinion publique en France, relativement à la royauté. Je dirai qu'ayant entrepris de servir la cause des savans positifs et des industriels, j'ai reconnu qu'il était nécessaire, pour obtenir leur approbation, d'expliquer clairement que c'était le pouvoir royal héréditaire qui devait constituer leur nouvelle existence sociale, et anéantir l'action politique du clergé et celle de la noblesse.

L'intérêt qui m'est témoigné aujourd'hui par un assez grand nombre de savans et d'industriels, provient évidemment des efforts que j'ai faits dans mes derniers écrits pour démontrer que les rois, les savans et les industriels avaient des intérêts communs, et que ces intérêts (dont le caractère est vraiment chrétien, puisqu'ils tendent toujours à favoriser la classe la plus nombreuse) sont constamment en opposition avec les désirs du clergé et ceux de la noblesse.

En un mot, les savans et les chefs des travaux industriels désirent nécessairement un changement dans l'état présent des choses; mais ils veulent que ce changement s'opère comme conséquence du grand principe de morale divine; ils veulent qu'il s'effectue légalement, c'est-à-dire, par l'effet de la volonté du Roi.

Messieurs, je crois avoir suffisamment établi dans cette adresse ce qui arrivera, pourquoi cela arrivera, et comment cela arrivera. Je dois maintenant passer de la spéculation à l'action. Je vais soumettre au Roi quelques observations claires sur la marche que suit son ministère. Je vais prouver à Sa Majesté que la conduite de ses ministres est contraire aux intérêts de la couronne, à ceux de la

20

nation, et qu'elle est en opposition directe avec le principe de morale que Dieu a donné aux hommes. Je dirai franchement au prince quels sont les seuls moyens à employer pour établir un ordre de choses stable et satisfaisant pour les hommes pacifiques et bien intentionnés.

Soutenez-moi, Messieurs, et pour me soutenir convenablement, commencez aussi votre tâche chacun dans le pays que vous habitez. Prêchez aux peuples et aux rois que la seule manière de rétablir la tranquillité consiste à confier le pouvoir spirituel aux hommes qui possèdent les connaissances les plus positives, et à placer la direction des affaires temporelles dans les mains des hommes les plus intéressés au maintien de la paix, et les plus capables en administration.

Dans l'état actuel de la civilisation, ces travaux ne vous exposeront pas à de grands dangers; mais dussions-nous éprouver les mêmes persécutions que les premiers chrétiens, cela ne devrait pas nous empêcher de remplir notre devoir et de nous acquitter de notre mission. Les hommes les plus courageux et les plus désintéressés ont toujours été et seront toujours ceux qui dirigeront la société. Le courage militaire est le premier de tous aux époques d'ignorance (1) et de confusion; le cou-

_____

(1) Mon intention n'est pas de parler seulement de

rage civil est celui qui rétablit l'ordre et qui favorise le progrès des Lumières.

Les travaux des philanthropes de la première époque du christianisme ont consisté à faire adopter aux puissans de la terre le grand principe de la morale divine. Notre mission est une suite de la leur, elle consiste à déterminer les princes et les grands possesseurs des territoires européens, à rendre leur conduite politique conforme à ce principe, en organisant la société de la manière la plus avantageuse pour le plus grand nombre.

Mettons la main à l'œuvre le plus promptement possible; nous pouvons compter sur la protection divine, sur la coopération des hommes vraiment pieux, et franchement attachés au Roi et à la nation, ainsi que sur l'appui des peuples.

Fixez un moment votre attention sur les travaux politiques du parlement de France, examinez la conduite de la chambre des députés, arrêtez votre opinion sur ce qui s'est passé dans la séance du 7 février, vous reconnaîtrez que les chefs des deux

---

l'ignorance absolue, je veux désigner aussi les époques d'ignorance relative, état de choses qui existe pour la société quand elle veut constituer un nouvel ordre politique, et qu'elle ne connaît pas les moyens de l'établir. Nous éprouvons les inconvéniens de ce genre d'ignorance depuis 1789, et les militaires en ont profité pour jouer le premier rôle, malgré l'état très avancé de la civilisation.

factions opposées ont sonné le tocsin, vous reconnaîtrez que le moment où vous devez entrer en action est décidément arrivé, vous reconnaîtrez que si vous tardiez davantage à prononcer votre opinion, votre silence laissant le champ libre aux ambitieux, livrerait la société à tous les maux que l'égoïsme et le désir de la domination peuvent lui faire endurer.

Les partisans de la cocarde tricolore et ceux de la cocarde blanche se sont défiés en employant des formes oratoires pour masquer leurs véritables intentions. Entre qui cette lutte aurait-elle lieu si elle éclatait? ce serait évidemment entre l'ancienne armée et la nouvelle, entre les anciens nobles et ceux créés par Bonaparte, entre ceux qui ont été les chefs de l'administration de Napoléon, et ceux à qui le Roi a confié la direction des affaires publiques.

Dans le cas où la cocarde blanche succomberait, la France serait dominée par les nobles et par les sabreurs de Bonaparte; dans le cas contraire, les Français rentreraient sous le joug de l'ancienne féodalité. Ni l'une ni l'autre de ces deux perspectives ne peut plaire à la nation, ni convenir aux philanthropes.

Le signal est donné, le moment est arrivé où nous devons développer toute notre énergie; proclamons de nouveau le grand principe de morale divine ; ce principe est le seul signe de ralliement qui puisse convenir aux Français, ainsi qu'à tous les peuples européens. Tirons hardiment la conséquence générale de ce principe, et déclarons hautement que les pouvoirs politiques doivent sortir des mains des militaires pour être confiés aux hommes qui sont les plus pacifiques, les plus productifs, et les plus capables en administration. Nous n'avons plus d'autres ennemis à combattre que les militaires, les nobles et les théologiens, et les seuls moyens qui doivent être employés pour les vaincre, sont la démonstration que leurs principes politiques sont contraires aux intérêts du Roi, ainsi qu'à ceux de l'immense majorité de la nation.

Je terminerai cette adresse, Messieurs, en appelant vos souvenirs sur la conduite *propagatrice* des premiers chrétiens; imitons-là, ne nous montrons point séveres à l'égard de ceux qui voudront entrer dans nos rangs, ne recherchons point leur vie antérieure, regardons comme frères tous ceux qui professeront l'opinion que le pouvoir spirituel doit être confié aux hommes les plus éclairés, et que le pouvoir temporel doit résider dans la classe des citoyens les plus intéressés au maintien de la paix, ainsi que de la tranquillité intérieure, et les plus capables en administration.

Messieurs, quelques-uns de ceux qui ont été des plus marquans dans les rangs des ultra, des jacobins ou des bonapartistes, sont peut-être ceux que Dieu a choisis de préférence pour devenir les fondateurs du nouveau christianisme, du christianisme définitif, de celui qui sera entièrement dégagé des superstitions dont les vues ambitieuses du clergé l'ont surchargé, et qui ont été accueillies par l'ignorance de nos pères. En un mot, admettons les hérétiques en morale et en politique, pourvu qu'ils abjurent franchement leurs hérésies et qu'ils travaillent avec zèle à l'établissement de la vraie doctrine.

Les hommes prudens et modérés sont très propres à maintenir un ordre de choses établi, ils sont même capables d'y introduire de légères modifications; mais ils n'ont point l'énergie nécessaire pour effectuer les grandes améliorations. Les premiers chrétiens étaient des hommes passionnés, les nouveaux doivent l'être également, et les hommes passionnés sont exposés, par l'effet de leur caractère, à commettre de grandes fautes. L'apôtre Paul avait commencé par être un des ennemis les plus ardens du christianisme.

J'ai l'honneur d'être,

MESSIEURS,

Votre très obéissant serviteur,

HENRI SAINT-SIMON,

Rue de Richelieu, nº 34.

POST-SCRIPTUM.

JE vous engage à lire avec beaucoup d'attention les Lettres qui précèdent cette Adresse; vous y trouverez les argumens nécessaires pour combattre les sophismes des diverses factions; vous y rencontrerez aussi quelques uns des faits qui doivent servir de base à la démonstration, que le seul moyen pour les Européens de terminer la crise politique que le progrès des lumières a déterminée, consiste à retirer entièrement les pouvoirs politiques des mains des théologiens, des nobles, des militaires et des métaphysiciens.

Je vous invite aussi de lire mon ouvrage ayant pour titre *l'Organisateur*. Ces deux livres sont certainement très inférieurs à ce qu'ils pourraient être; ils sont très inférieurs à ceux qui seront écrits plus tard sur le même sujet; mais ils sont, quant à présent, les seuls où les choses aient été considérées du point de vue que je vous ai indiqué dans cette Adresse.

Enfin, Messieurs, je vous conseille de lire l'ouvrage de M. de Pradt, ayant pour titre *de l'Europe et de l'Amérique*. Dans cet ouvrage, où l'auteur résume tous ses travaux précédens, il considère les choses d'un point de vue très élevé. Il ne s'occupe point d'indiquer le remède, mais il constate le caractère de la maladie sociale que nous éprouvons, avec une sagacité vraiment remarquable.

DE L'IMPRIMERIE DE CRAPELET.